城市社区
科普功能职责研究

谭　琪　孙雪松◎著

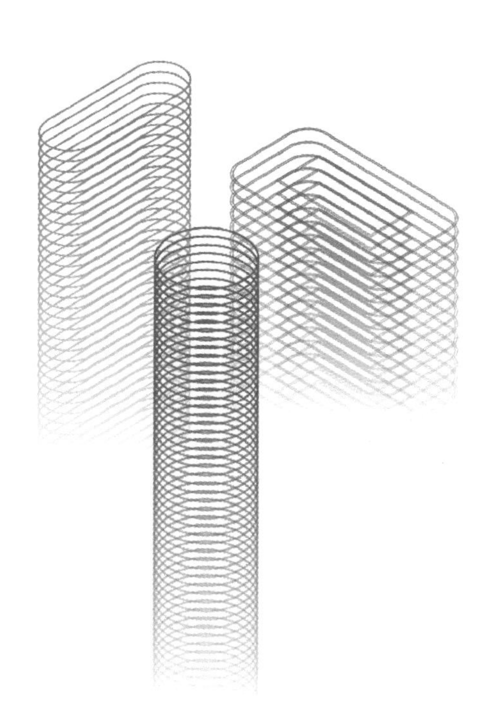

图书在版编目（CIP）数据

城市社区科普功能职责研究 / 谭琪，孙雪松著．—
成都：四川大学出版社，2024.4
（卓越学术文库）
ISBN 978-7-5690-6384-4

Ⅰ．①城… Ⅱ．①谭… ②孙… Ⅲ．①城市－社区－
科普工作－研究－中国 Ⅳ．①N4

中国国家版本馆 CIP 数据核字（2023）第 196514 号

书　　名：城市社区科普功能职责研究
　　　　　Chengshi Shequ Kepu Gongneng Zhize Yanjiu
著　　者：谭　琪　孙雪松
丛 书 名：卓越学术文库

丛书策划：蒋姗姗　李波翔
选题策划：蒋姗姗　李波翔
责任编辑：李波翔
责任校对：李　胜
装帧设计：墨创文化
责任印制：王　炜

出版发行：四川大学出版社有限责任公司
　　　　　地址：成都市一环路南一段 24 号（610065）
　　　　　电话：（028）85408311（发行部）、85400276（总编室）
　　　　　电子邮箱：scupress@vip.163.com
　　　　　网址：https://press.scu.edu.cn
印前制作：成都墨之创文化传播有限公司
印刷装订：四川煤田地质制图印务有限责任公司

成品尺寸：170mm×240mm
印　　张：9.25
字　　数：157 千字

版　　次：2024 年 4 月 第 1 版
印　　次：2024 年 4 月 第 1 次印刷
定　　价：68.00 元

扫码获取数字资源

四川大学出版社
微信公众号

前言

在我国全面社会治理现代化背景下，利用城市社区基层平台促进科普教育的发展具有重要意义。关注城市社区科普功能发挥与履职中的问题并提出积极的对策建议，具有重要实践意义。通过对典型城市社区调研，探讨发现了社区科普履职状况不佳原因：思想意识层面，工作创新思想意识有待强化，基层科普工作人员工作动力有待提升；组织体制层面，主管部门决策体制有待健全，社会力量对社区科普工作的承载度低，市场企业组织力量社区科普参与度不够；工作机制层面，人员激励机制效果不佳，工作评估机制存在缺失，资源筹措机制较为匮乏。项目组从履职能力提升的角度提出政策建议：政府部门主导推动，明确城市社区两委权责，减负聚焦社区科普工作；构建科学社区考核制度，强化科普工作评估激励；创新社区人资培训机制，提升服务人员科普素养；引导构建多维创新机制，集中解决科普突出问题；社区自身主动转变职能，创新丰富科普活动形式，强化科普活动针对性；发掘社区科普活动骨干，引导建立科普自组织；搭建科普资源共享平台，吸纳多主体参与活动；实现多元社会力量协同，社工机构专业主导，事业单位共享合作，企业组织资源支持，激发城市社区居民科普内生动力。研究尝试建立了城市社区科普履职能力建设评价指标体系，为城市社区科普科学履职工作确立建设标准。最后，依据指标体系联系社区资源，选取典型城市社区为实验样本，运用指标体系进行评估，依据评价结果为社区科普发展提供方案建议。经过一段时间的运行，通过实验观察结果进一步修正指标体系，进一步深入思考社区科普工作。

本成果具有较为显著的应用价值：准确界定了城市社区科普应然性职能与范围。结合社会基层治理现代化背景，选取特点理论研究视角，对地方城市社区科普工作进行探讨与研究。尝试建立了城市社区科普履职能力建设评价指标体系，为城市社区科普科学履职工作确立建设标准。

目录

第一章　概论

第一节　研究背景及研究意义

一、项目研究背景

自2006年我国颁布《全民科学素质行动规划纲要》政策以来，广大的科普研究者与科普实务工作人员对全民科普的认知也在逐渐变化与深入。第一阶段，我们科普的重点聚焦在城镇劳动者科学素养提升层面；第二阶段，强化了社区居民科学素养提升的内容；第三阶段全面启动了我国社区科普益民工程，将科普重心转移到社会基本单元——农村与城镇社区之上。这个认知的过程紧紧伴随着我国政治、经济与社会不断发展的过程而深化。

党中央提出“基层社会治理现代化”战略，社区治理重要性更加突出。城市社区和农村社区都是我国社会的基本细胞，是社会管理的基本着眼点，是基层政权进行施政的基本支撑点。依托基层社区进行科普工作，从社会基层单位全面提升我国国民的科学素养，有利于营造全社会讲科学、爱科学、用科学、学科学的浓厚氛围，有利于夯实社会主义文化强国建设基础，有利于提供创新驱动的社会主义强国建设动力。

与此同时，也应当看到基层社会治理现代化是一个全新的课题，而社区基层治理工作特别是城市社区基层治理工作，在单位制消解而商品住宅社区全面兴起的大背景之下，在我国许多地方还缺乏丰富的经验，治理工作还有诸多挑战。城市社区科普工作正是属于其中的难题之一。通过相关新闻报道与相关学者前期研究成果不难发现，当前我国地方城市社区科普工作中存在一些典型问题，如科普服务供应主体单一、科普软硬件资源不足、财政经费不足、相关主管部门组织体系及工作机制不完善等，这些问题直接导致了地方城市社区的科普效果不佳，居民在科普方面的满意度不高、获得感不强。

一方面，城市社区科普工作具有重要的战略意义与价值；另一方面，受到主客观因素及环境要素变化的影响，社区科普工作存在一定挑战。这两方面构成了现实中的困境。从地理位置上看，河北省居于我国中部地区，在社会基层治理方面同样也面临着挑战。河北城市社区科普工作履职进程是否也存在着挑战？是否具有和其他省份一致的共性问题？抑或具有河北地方自己的特殊之处？如果存在困境，其深层次原因何在？在该领域治理工作——科普工作履职方面如何能够实现突破与创新？对全国城市社区科普工作推进又有何裨益？对这些问题的回答，构成了本课题的主要研究内容。

二、项目研究意义

基于以上背景，本课题研究的意义如下：

第一，课题研究具有一定理论创新意义。一是现有的文献研究中，准确界定城市社区科普应然性职能与范围的研究相对较少，本项目在该方面的研究具有一定意义价值；二是理论研究视角中，结合社会基层治理现代化背景，对地方城市社区科普工作进行探讨与研究的理论成果并不多见，这可以成为项目研究的创新点；三是现有研究中，缺乏与社区科普工作相关联的多元主体系统性的考察，与之相联系的关于城市社区科普的完整理论体系尚未形成，项目从这两个方面的研究具有一定创新意义。

第二，课题研究具有一定实践意义。一是本课题调研有利于为河北地方城市社区科普工作的顺利开展提供思路，并形成有效的政策参考；二是从基层治理实践层面看，地方具有地域性特色城市社区科普问题研究，分析和探究如何推动社区科普工作创新，能够为我国地方社区治理过程中出现的问题提供有效的实践经验支持，对于转变社区治理理念、提升社区居民治理能力，进而提升社区治理水平，从而更好地促进我国地方社区治理现代化建设的发展，也具有十分重要的现实意义。

第二节　研究思路及研究方法

一、研究思路

了解国内外对社区科普及相关问题的研究现状、主要观点和研究进程。界定社区科普概念，分析社区科普的功能职责和履职方式。调查设计。甄选典型社区，需要向社区科普工作者、社区居民发放调查表和调查问卷，并针对科普示范社区设计访谈提纲。通过调查，深入解析目前 B 市社区科普工作在推进国家治理体系和治理能力现代化、建设文明城市、提高社区居民科学素质等方面发挥的积极作用，找出制约社区科普工作发展的问题和困难。在理论研究和调查研究的基础上，针对现存问题结合实际，对提升 B 市社区科普工作成效提出解决措施和建议对策，建立健全社区科普工作体系，推动社区科普围绕中心、服务大局、创新发展。科学确定社区科普职能范围，在研究报告中提出针对性改进社区科普履职的提升策略或创新模式。总结国内外典型社区科普工作经验，结合河北研究案例，尝试构建具有地域性特色的城市社区科普工作建设指标体系：基于社区主体履职视角。

运用实验法深入研究，联系社区资源，选取典型城市社区为样本，运用“构建城市社区科普工作建设指标体系”进行评估，依据评价结果为社区科普履职工作改进提供改革方案并推动施行，经过一段时间的运行之后，观察结果进一步修正指标体系（如图 1-1 所示）。

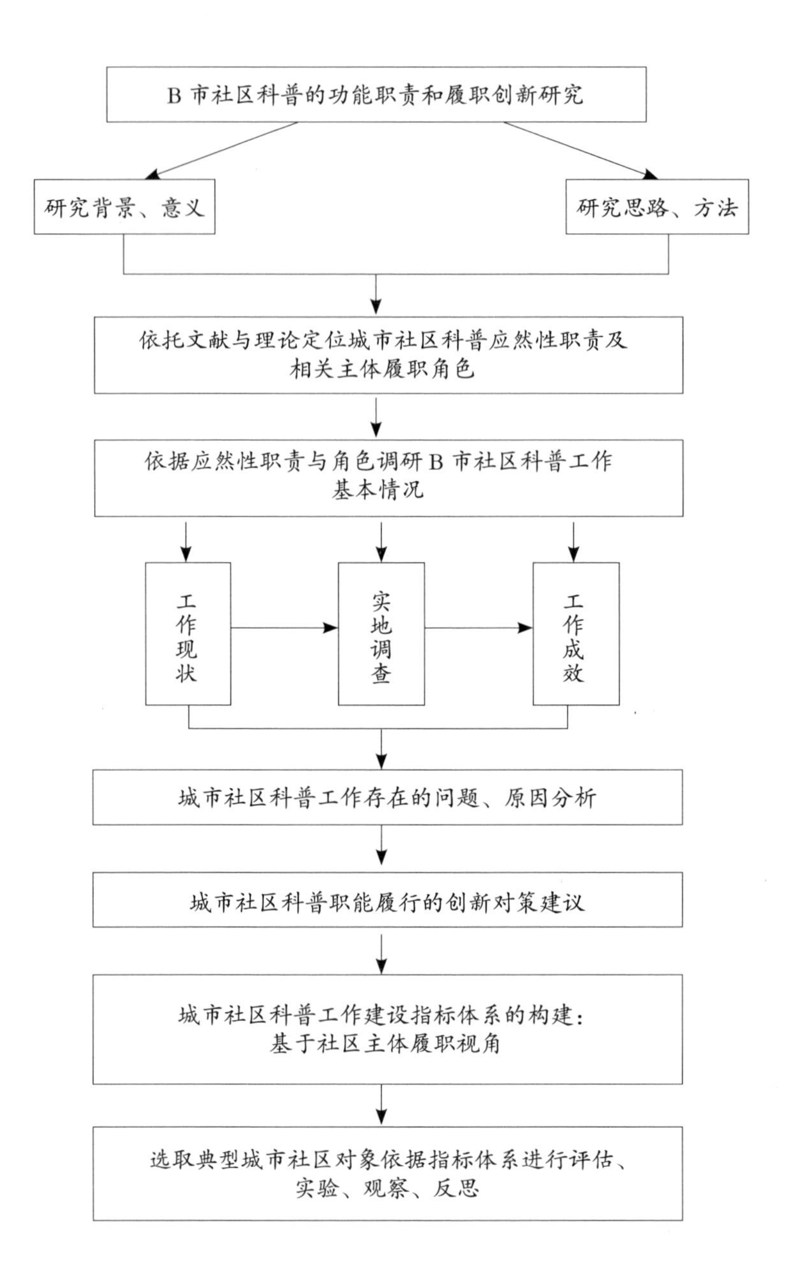

图 1-1　B 市社区科普的功能职责和履职创新研究思路

二、研究方法

（一）案例分析法

从质性访谈资料中选取几个具有代表性的社区工作案例，通过对这些案例的整理、汇总、统计，归纳出社区科普工作的代表性问题，达到由定量分析向定性分析的递进转变。

（二）实验观察法

通过前期的问题发现及对策思考，构建社区科普工作的指标体系。依据指标体系联系社区资源，选取1—2个典型城市社区为实验样本，运用指标体系进行评估，依据评价结果为社区科普发展提供方案建议，经过一段时间的运行，通过观察实验结果进一步修正指标体系，深入思考社区科普工作。

（三）问卷调查法

随机从B市城市社区抽取一定数量的样本，通过筛选样本、调查设计、组织调查，归纳出可视化和可读性较强的数据，运用相应指数分析当前B市社区科普工作存在的问题和不足，探索解决问题的方法。

（四）实地访谈法

一方面通过对B市社区居民进行访谈，了解他们对B市社区科普服务供给的看法、需求以及希望改进的地方。另一方面也通过对B市社区科普服务供给主体，尤其是政府中科协人员以及社区科普员进行访谈，深入了解多元主体在提供城市社区科普服务过程中的履职情况，查找问题，分析原因。

第三节　基础概念、文献述评及相关理论

一、概念界定

（一）城市社区

对于城市社区的准确界定，现阶段学界之内还未能完全统一。典型的观点分为两类：一类强调城市社区范围应当是在特定地理区域之内，以非农业人口为主体而形成的小社会（郑杭生，2008）[①]；另一类强调城市社区应当以非农业生产活动为主要特征，是具有一定人口密度，社会阶层与组织结构较为复杂的社区（孔德斌，2010）[②]。两类观点强调的中心并不一样，但内在并不冲突，也重点强调一些共同的因素：非农业生产人群、非农业生产方式、以社会关系为核心的社会共同体。

① 郑杭生．中国特色社区建设与社会建设——一种社会学的分析 [J]．中南民族大学学报（人文社会科学版），2008(11)：93-100.

② 孔德斌，李宗楼．地方政府公共服务机制优化探析 [J]. 江苏行政学院学报，2010(4)：6.

故此，课题项目组将城市社区做如下大概定义：在一定地理区域范围之内，由非农业劳动人群所组成的，具有特定社会组织结构与社会关系的相对独立的社会共同体。

（二）城市社区科普的概念界定

城市社区科普概念的明确，应当以科普定义界定为前提。科普从字面意义上被广泛认识为“科学普及”，通常是指向普通大众传播科学知识和概念的公益传播行为。依据2002年我国颁布的《中华人民共和国科学技术普及法》，科普法定概念为：“科普是公益事业，是社会主义物质文明和精神文明建设的重要内容，科普活动是指以公众易于理解、接受、参与的方式，来普及科学技术知识、倡导科学方法、传播科学思想、弘扬科学精神的活动。”对科普定义的法律界定也是迄今为止较为权威的一种界定。当今学界，在法律界定基础上也对概念的外延进行了扩充，强调指利用各种传媒，以浅显的，让公众易于理解、接受和参与的途径，向人们介绍自然科学和社会科学知识，推广科学技术的应用，倡导科学方法，传播科学思想，弘扬科学精神的行为。而社区科普也曾在中国科协科普部的官方著作《社区科普工作手册》中被予以界定，社区科普工作定义为社区科普组织或社区科普工作者集成和动员社区的各种资源，采用居民易于理解和接受的方式，面向社区居民普及科学技术知识、传播科学思想的科学方法、弘扬科学精神的活动的总称①。故此，本项目课题中的城市社区科普概念与官方保持一致，只是将社区范围界定在城市社区之内。

二、文献述评

我国现阶段对城市社区科普的研究重点聚焦在如下几个领域：

领域一：基于微观视角以参与城市社区科普活动的居民为切入点的研究。居民参与是城市社区科普中尤为关键的因素，其相关联的核心要素有四个：参与主体是社区居民、参与客体是各种形式的科普活动、参与动机是公益融入的精神、参与最终目标是社区全面发展和人的科学素养的全面提升②。社区居民在参与社区科普过程中，拥有对科学了解、参与决策的权利。社区科普应当以居民科技需求为终极服务目标，并由此将以前的社区科普由原来的外部注入、要

---

① 中国科协科普部 . 社区科普工作手册 [M]. 北京：科学普及出版社，2013.

② 李晓凤，黄巧文，马瑞民 . 社会工作督导的历史演进及其经验启示——以美国、中国深圳社会工作督导实务为例 [J]. 社会工作与管理，2015，15(6)：6.

求接受的方式，彻底转变为以居民切身需求引导的方式[①]。

领域二：基于微观视角的城市社区科普的各类运行机制的研究。城市社区科普的运行机制是与社区科普相关的各要素之间的联系及作用的相互制约的关系、方法及方式。组织运行、资源共享、评估激励这三大机制是社区科普运行机制的核心[②]。创新城市社区科普运行机制，应当把握好两个发力点：第一个发力点，城市社区科普工作观念的进一步转变必不可少，重点需要以公众的需求为工作的导向，充分发挥市场机制配置资源的基础性作用；第二个发力点，依托科普工作自身规律进行创新，以两个有利于为根本机制创新的目标——有利于科普事业的发展，有利于通过科技教育和科技传播，促进公众科学素养的提高[③]。

领域三：以宏观视角关注城市社区科普具体模式的研究。城市社区科普宏观模式从不同的角度可以做出不同分类归纳。从科普性质角度可以分为公益义务型和市场运作型两种科普模式，而以实施方式为视角可以划分为三种：第一种为以“科普讲座”为代表的单向传授的科普模式；第二种为以“科普兴趣小组”为代表的团队互动科普模式；第三种为群体共享科普模式，如科普日、科技周等系列活动[④]。依据科普活动依托的主体关系及开展形式又可以分为另外三种社区科普模式：第一种是基地共建模式，即在资源共建共享理念下，充分利用驻社区单位如高校、科研机构以及企业等联合开展科普工作；第二种是科普大学模式，即利用社区科普大学开展社区科普教育；第三种是阵地模式，即通过科普画廊、科普馆等基础设施开展社区科普工作[⑤]。

领域四：着眼于城市社区科普工作中存在的困难点问题的研究。研究重点聚焦在：社区科普内容、形式、方法等方面的欠缺；有效的科普资源投入机制的欠缺；社区科普工作者素质的欠缺；社区科普内容及形式比较单一，社区科

---

① 朱效民 . 从“最后一公里”看我国社区科普内容建设——以北京市科普社区为例 [J]. 科普研究，2010，5(02)：18−23.

② 延宏 . 科教进社区：一个平台多种功能 [N]. 科技日报，2006−04−05(006).

③ 杨光 . 微时代的“美育”问题及其当代转向 [J]. 社会科学辑刊，2019，(01)：201−208.

④ 朱贻庄，黄晓玲，许得亿，等 . 台湾“社区日间作业设施”服务成效评估之研究：以育成社会福利基金会为例 [J]. 身心障碍研究季刊，2016，14(2)：100−116.

⑤ 汪春红，高喻平 . 社区健康与创建学习型社区——关于学习型社会中社区科普功能的研究 [J]. 科协论坛，2004，(02)：17−19.

普作品缺乏创作动力、缺乏创新人才；社区科普对象不够明确，缺少针对性等方面。

通过文献梳理分析可以看出，这些已有研究为本次课题研究提供了重要的理论依据与线索。同时，已有的研究还存在一定的局限性：准确界定城市社区科普应然性职能与范围的研究相对较少；结合社会基层治理现代化背景，对地方城市社区科普工作进行探讨与研究的理论成果并不多见；现有研究中，缺乏与社区科普工作相关联的多元主体系统性的考察，与之相联系的关于城市社区科普的完整理论体系尚未形成，缺乏城市社区科普履职建设规范指标的明确建构，而这些也恰恰为研究 B 市社区科普服务供给留下创作空间。

三、项目运用的理论

（一）贝罗“四要素信息传播”理论

科学家贝罗在其著作中详细描述了人类信息传播的四个关键性要素——信息源、信息内容、信息通道、信息接受者，并运用大量案例进行了证明，在传播学中成为较为经典的理论。城市社区的科普，本质上是科学信息在城市社区居民中的传播，社区科普的效果及影响因素显然可以借鉴贝罗的传播理论。

本次问卷设计，以贝罗传播理论为指导，强调科普信息接受者——社区群众为主要调查对象，重点突出群众对科普内容和科普渠道的需求度和满意度的调查，同时聚焦关注科普信息传播的信息源视角、信息传播渠道视角、信息传播内容视角的调研。调研旨在更全面地探究信息化背景下城市社区科学传播中存在的问题。

（二）马斯洛需求层次理论

马斯洛需求层次理论强调人类的需求分为五个层次，并且该层次并非平行而是有高低之分。从低需求到高需求的排列顺序如下：生理需求、安全需求、社交需求、尊重需求和自我实现需求。研究人员在社会问题研究过程中，要充分考量到研究对象的不同层次需求并能联系推断其行为背后动因。

需求层次理论在项目中运用在两个方面：一是在调研测量城市居民科普需求、科普效果满意度等方面，问卷设计将居民对科普内容的需求从低到高分为三个层次；二是以居民的科普需求层次为基础，在社区科普履职创新建议中，会有针对性地设计如何满足不同层次需求而应当采取不同的社区科普服务供给的方式与方法。

（三）多中心治理理论

奥斯特罗姆夫妇所提出的多中心治理理论强调，在社会公共事务的治理过程中，应当可以由多个中心主体承担，这些主体包括：掌握公共权力的政府部门、私营企业部门、社会组织、社会公民个人。这些主体中没有必然的权威，他们在治理进程中权力共享、责任共担，理想状态下应当追求建立起相互协商、相互依赖的合作关系。

多中心治理理论一方面强调政府在治理进程中并非单一的权威；另一方面强调政府的独特作用——拟定多中心制度中的行动框架与具体规则，鼓励推动主体运用多重手段——经济、法律、政策等在治理进程中多渠道、多方式提供公共物品与公共服务。多中心治理理论同样强调对公共产品与服务提供的效率价值的追求。公共产品与服务效果高效率的追求，一方面依靠的是多主体多渠道的供给；另一方面有赖于多种不同供给方式的运用。

依托多中心治理理论，课题在研究进程中在如下几个方面进行运用。

方面一：清晰界定城市社区科普服务供给的主体与客体的外延与分类，在问卷调研及对策建议设定方面充分进行考量。一方面调研过程中注重城市社区科普服务的客体分类层次；另一方面明确社区科普服务供给不同主体的职责。政府、商业性企业以及社区两委、社会组织、社会自组织等都可以成为供给主体。这些供应主体有着自己的优势和缺陷。应当充分发挥这些主体优势，扬长避短促进社区科普效果提升。另外，城市社区科普服务应摆脱传统的单一的决策方式，形成在多方相关利益主体的参与下的多元共同决策模式。

方面二：注重城市社区科普履职服务形式的多样性。提倡多元主体，依托因地制宜原则，能够根据社区自身情况以自由灵活的方式提供社区科普服务。在服务供给的内容、形式、活动、规模等方面多元化，而且应与社区所在地的居民人口素质、社区条件、公共需求、资源财力等相一致。

第二章　城市社区科普的应然性职责内容与功能定位

第一节　城市社区科普应然性职责内容梳理

在官方现有材料中，关于社区科普从职责角度的应然性能够找到的内容是2002年颁布的《中华人民共和国科学技术普及法》中的规定——科普活动分为国家和社会普及科学技术知识、倡导科学方法、传播科学思想、弘扬科学精神四类活动。目前对于社区科普具体内容，更为详细的划分还没有明确，课题组成员根据调查研究及对科普的分类，将社区科普应然性职责的内容细分为以下几类（如表2-1所示）。

表 2-1　社区科普应然性职责的内容分类

城市社区科普内容种类	具体工作	典型的开展形式
崇尚科学，反对迷信	对迷信组织进行防范和控制，增强辖区广大居民群众对迷信罪恶本质的认识，提高居民们自觉抵御迷信侵蚀的能力，营造文明和谐、崇尚科学、反对迷信的良好氛围，社区应开展反迷信宣传活动。要通过反迷信宣传活动使广大居民群众深刻认识到迷信反对科学、诱骗害人的本质，进一步增强社区内广大居民群众自觉防范抵制迷信的意识和能力	1. 开展以“崇尚科学、反对迷信”为主题的宣传教育活动，倡导居民追求文明、崇尚科学、反对迷信的良好风气 2. 在伟人周年纪念的日子里，以文字、语言的方式举办活动来纪念伟人 3. 以文艺汇演的形式喜迎国庆等爱国节日 4. 学习英雄故事，学习马克思主义，学习习近平新时代中国特色社会主义思想 5. 以讲解举例的方式让大家相信科学、反对迷信 6. 通过文艺表演等群众喜闻乐见的艺术形式宣传平安创建、反邪教、扫黑除恶专项斗争等 7. 开展“不忘初心、牢记使命”主题教育活动
医疗保健，营养膳食	关注社区居民健康，为社区居民提供各项医疗保健服务——医疗卫生知识宣讲、义诊活动、疾病预防等。广泛地在居民中进行饮食与健康宣传教育，宣传和普及饮食与健康知识，增强健康忧患意识	1. 为了提高广大人民群众的健康意识和自我保健能力，积极推进健康教育，采取多种形式普及疾病预防和卫生保健知识，引导和帮助居民建立良好的卫生习惯，倡导科学、文明、健康的生活方式 2. 开展眼科、口腔等义诊科普活动，举办有关合理膳食的健康知识活动
保护环境，低碳生活	了解“低碳生活”的含义，加强社区居民对环保生活、低碳生活的认识。推动居民认知在学习、生活中节约电、水、气等能源的重要意义。让社区居民充分意识到保护环境、养成环保习惯的重要性	1. 了解“低碳生活”的含义，加强居民对环保生活、低碳生活的认识 2. 知道在学习、生活中节约电、水、气等能源的重要意义，并从生活点滴做起 3. 懂得“低碳生活”是一种积极向上的生活态度
实用技术，职业技能	多渠道、多专业、高素质、高质量广泛开展对社区城镇居民的整体文明素质的提升。为社区居民提供多种有关实用技术与职业技能的活动。举办实用技能培训班，让社区贫困、大龄、残疾特殊群众掌握实用技能，提高自我发展能力	1. 传播、学习专业工作所需知识和技能 2. 及时让居民了解有关征兵政策 3. 对失业人员进行相关职业培训 4. 帮助老年人学习使用智能手机 5. 关注有关资格考试信息，并及时通过宣传栏、微信公众号等平台让居民知晓

续表 2-1

城市社区科普内容种类	具体工作	典型的开展形式
应急科普，防灾减灾	立足社区，举办与生活息息相关的安全科普活动，将科学观念深深根植社区，提升社区全民科学素养。依托防灾救灾领域专家、学者宣讲教育，并在现场对活动的科学性、示范性、严谨性进行指导，提升城市社区居民在各领域灾难防控中的认知水平与实操能力	1. 向居民发放《防灾减灾知识手册》，绘制防灾减灾知识展板，组织居民认真观看各种事故灾害的常识、应对防范措施和避灾自救技能，向专业人员咨询应急物品储备使用、灾害自救互救技能等相关知识。要全面提高减灾防灾知识，切实增强居民自身防灾减灾意识，提高自救互救能力，尽量避免或减少灾害造成的损失 2. 疫情期间防疫减灾，管控人口出入，24小时应对战“疫”，全力投入疫情防控阻击战。成立防控组，整合辖区卫生服务站、社区城管中队、派出所、辖区物业、辖区单位等成员单位的力量和资源，形成联防联控的强大合力
食品安全，健康生活	社区开展保健食品安全宣传活动，提高大家的食品安全意识，普及食品安全知识。面向社区公众宣传保健食品科普、合法产品的鉴别、违法保健食品广告和消费陷阱等方面的知识	1. 宣传食品安全，让大家懂得辨别假冒伪劣食品，防范病从口入 2. 通过发放宣传单、张贴宣传栏、召开健康教育知识讲座等多种途径让居民学习到如何购买健康安全食品，如何预防食物中毒 3. 在“世界无烟日”进行宣讲活动
青少年科技体验	以培养青少年科学兴趣、提高科学探究能力、增强创新意识和实践能力为目标，以科学调查、科学体验和科学探究为主要内容和形式科普。通过社区科普体验活动让居民切身体验科学的魅力，增强科学认知，在活动中互相讨论、互相学习，增进相互之间的感情	通过举办青少年暑期科普活动体验营小课堂、趣味实验活动、观影活动等使青少年了解学习到各种知识及技能

续表 2-1

城市社区科普内容种类	具体工作	典型的开展形式
自然科学知识普及	紧贴社区建设，结合实际和群众感兴趣的话题，进一步弘扬科学精神，普及自然科学知识，立足社区、面向基层，形成浓郁的自然科学知识科普氛围	组织居民参加科普一日游、绿植灌溉等活动，一边可以让居民享受真山真水特有的生态环境，一边还能了解科技创新的新发展、新成果。在游玩中学习科技知识，科普游就是近距离的体验和感受，让居民借助体验将科学与艺术文化巧妙结合，通过寓教于乐的方式让居民在不知不觉中了解科技创新的最新发展

第二节　城市社区科普应然性的功能作用定位

一、社区科普应在转变社区治理理念及提升社区居民治理能力方面具有基础性作用

科普工作是转变社区治理理念、提升社区居民治理能力的基础。社区科普工作的推广有利于增强社区居民的主动参与意识，提高对本社区的归属感，从而有效提升社区居民这一主体在社区治理现代化过程中的参与程度。社区治理是一个由政府、社区和居民共同参与的过程，但在这一过程中往往是政府组织占据了主导地位，而社区居民无法有效地参与社区自治的过程。社区科普教育的推广在一定程度上调动了广大社区居民参与社区事务的主动性，居民之间以及居民与社区组织之间实现了良性互动，对社区治理的现代化起到了很好的推动作用。居民的参与程度是衡量一个社区建设水平的重要指标之一。社区居民能否有效参与社区互动直接关系社区科普的成效。让居民广泛参与社区科学普及，及时表达民意，社区科普才能有的放矢，满足社区实际的需要，最终实现社区的发展和人的共同发展。

二、社区科普应有效提高社区居民生活质量

社区科普工作应该有效提高居民生活质量，随着住房、医疗、养老、就业等社会保障制度的改革和人们生活方式的变化，社区居民在生活服务、居住环境、科普教育、文化娱乐、医疗卫生等方面的需求越来越高。在社区开展科普工作，为居民提供丰富的科技知识，可以营造科学、健康的生活环境，满足居民多样化的科普需求，提高社区居民的生活质量，实现美好生活。

（一）社区科普应能够强化社区居民治理能力

社区科学这项工作的推广和普及，对于城市社区居民的积极参与、意识提升意义重大。与此同时，社区科普也能够大幅度提高社区归属感，从而有效地提高社区居民在社区治理现代化进程中的参与度。社区科学普及教育的推广在一定程度上调动了广大社区居民参与社区事务的积极性，居民之间以及居民与社区组织之间实现了良性互动，在社区治理现代化进程中发挥了很好的推动作用。居民参与程度，往往是衡量社区建设水平的战略指标之一。社区居民能否有效参与社区互动，直接关系社区科普工作的效果。居民的广泛参与，在社区科普进程中能够及时表达民意，社区科普才能有针对性，满足社区现实需要，最终实现社区发展和居民共同发展。

（二）社区科普应能够促使社区居民掌握社区治理新技术

社区发展学习的普及可以有效地促进社区信息化建设，更好地促进政府实现社区科学治理。在信息蜂拥而至的时代，社区治理的方式已经不同于以往的治理模式，逐步走向信息化治理已成为社区治理现代化的发展趋势。在社区内建立社区信息网络，让社区网络成为服务和联系群众的重要媒介，社区居民可以在社区网络中进行沟通和交流。在沟通方面，网络区域所覆盖的居民可以是参与主体，以网站为媒介，以最高的效率、最有效的方式掌握区域内最基本的治理运行情况，接收社区内的信息，掌握社区动态，并给出相应的反馈，实现双向沟通。与此同时，社区居民使用在线咨询，通过线上咨询和预约，可以深入参与和感受各项社区工作，为社区建设提出意见和建议，社区居民也可以通过社区网站学习科学文化知识。加强社会治理机制作为社会治理信息化的目标，应着力构建信息收集和处理平台。依托智慧社区建设，打破信息壁垒，以信息手段推动社会治理创新，最终推动社区治理现代化。

（三）社区科普应能够拓展社区公共服务水平

科普基础设施建设是社区科普过程中重要的物质保障，但也有部分社区由于资金问题，往往无法为社区居民提供完善的配套设施，这在一定程度上影响了社区居民参与科普教育活动。由此，理想状态中各级政府应在开展社区科普活动的同时，充分利用和整合辖区内有效的社区资源，完善社区科普基础设施建设。发挥政府主导作用，提高社区服务市场化程度，完善社区公共服务，从而切实促进社区管理的现代化。在社会上推广科学教育和宣传，改善社区基础设施建设，提高居民参与的积极性，实现社区公共性服务的优化升级。

第三节 城市社区科普履职相关的主体及其应然性角色界定

理想中的城市社区科普工作，应当是社区治理的多主体——社区居民、社区两委、社区自组织、参与社区治理的社工机构、主管的街道办事处、民政社区业务指导部门的共同参与，最终高效完成社区科普工作任务，并达到各参与主体能够合作共赢的局面。从参与空间上，可以将城市社区科普主体分为外部主体、内部主体及边界主体三大主体类型。理想中的各主体在社区科普活动中，一方面能够完成社区科普目标，另一方面都能够实现自己利益增进。

一、外部主体

参与城市社区科普的社区以外的组织可以统一归结为科普工作相关的应然性外部主体。其包括如下三类。

第一大类外部主体以政府对口社区治理的管理部门、各级科协为代表。在城市社区科普发挥应然性职责的过程中，这类主体重点为社区科普提供资源保障、专业业务指导。例如，政府相关部门可设立社区科普专项基金，专门用于社区科普基础设施建设、科普活动的组织与开展等工作。也可以运用政府购买服务针对购买专业社工机构的社区科普服务，各级科技协会从科普专业的角度对城市社区科普工作进行专业指导。

第二大类外部主体以共建联建单位为代表。这一类组织通常是指社区周边或者范围内的事业单位、国有企业等组织。它们自身具备较为充足的各类资源，基于地理位置在社区辖区范围的天然联系，和社区两委结成战略共建联建单位，在面对公共问题时能够携手共同解决。在社区科普工作中，该类主体可重点提供资金资源、物质资源、人力资源等，还可以以共同举办的方式做好各类社区科普活动。

第三大类外部主体以商业性企业组织为代表。这一类组织基于商业广告和承担社会责任、树立企业形象的目的，会在社区治理过程中主动配合社区两委做好社区公共事务的处理。在社区科普工作中，它们能够负责提供各类资源——资金资源、物资资源及某些科普领域的信息知识资源。

二、内部主体

（一）党组织

我国城市社区党委（党支委）的功能定位——全面负责本社区党的工作并在社区治理过程中起到领导核心作用。城市社区党委（党支委）宣传、贯彻党的路线、方针、政策和上级党组织的决议、决定，为党和政府部署的各项任务在社区范围内顺利完成提供组织保证。

在社区科普工作中，城市社区党委（党支委）从政治、思想、组织层面进行全面领导，贯彻党的上级组织在科普工作方面的思想路线，加强对社区内各类科普群团组织、自组织的领导，在科普工作中充分发挥党组织的战斗堡垒作用和党员的先锋模范作用。

（二）社区自治组织

参与城市社区科普的社区自治组织包括社区居委会、居民代表大会、居务公开监督小组等。其中社区居委会领导功能的定位在于组织领导辖区居民在坚持党的领导前提下实行全面自治。居委会应召集居民会议和居民代表会议，并报告工作，组织居民落实居民会议和居民代表会议的决定。在基层行政部门、归口管理行政部门及社区党委领导下，负责组织下属各委员会和居民小组开展工作，做好各类基层行政工作与社区服务工作。

在社区科普工作中，社区自治组织要贯彻落实《中华人民共和国科学技术普及法》和《全民科学素质行动规划纲要》，建立健全社区科普工作管理制度，促进科普工作规范化、制度化。同时加强科普宣传阵地建设，依托多种科普工作方式，为本社区居民提供各类科普服务。社区自治组织应充分利用社会科普资源，加强居民专业知识的宣传教育，引导居民群众追求科学、文明、健康的生活方式，不断提高居民生活质量，创建环境优美、和谐向上的新型社区。积极发挥社区科普网络队伍作用，组织以科技、教育、文化、卫生等人员为骨干的志愿者队伍，充分利用社会的各种资源共同开展科普活动，形成大联合、大协作的科普工作氛围。

（三）社区居民

社区科普工作的终极目标就是提升社区居民科学素质。而从另外一个角度来讲，社区居民自治的实现也有赖于居民自身素养的提高。居民是社区的中心，是社区文明的创造者，也是社区文明的体现者。社区科普活动理所当然的关键主体之一也是城市社区居民。科普活动进程中居民是否积极参与、能否从中受益，是活动成功与否的关键，也是社区科普职责是否到位的体现。

三、边界主体

边界主体以社会组织为代表，可以细分为两大类型：一是社区科普类自组织。其由居委会牵头，居民自发组织成立。其角色重点是实现特定科普领域的对社区居民的宣传教育、引导启发等活动。二是承接政府购买服务的社工机构社会组织。它们依托政府制定目标，以专业能力为基础，面向社区居民开展特定领域科普工作。

打造共建共治共享的社会治理格局，社会治理重心的下移非常重要。社会组织作为社会治理的重要主体，在促进政府职能转变、优化公共服务供给、发展公益事业、化解社会矛盾等方面发挥着重要作用。同时，社会组织对于城市社区科普有着独特的作用。社区科普活动内容因居民需求而设，社会组织因社区科普需要而引进。专业社会组织可以高质量地服务社区居民，也带动了社区自身孵化组织的快速成长，帮助社区科普职能更好发挥，使社区科普内容与方式更加专业化。

四、主体功能发挥的理想性效果

从国家与政府的层面来讲，社区科普能够提升公民科学素质，《全民科学素质行动规划纲要》指出：“提高公民科学素质，对于增强公民获取和运用科技知识的能力、改善生活质量、实现全面发展，对于提高国家自主创新能力，建设创新型国家，实现经济社会全面协调可持续发展，构建社会主义和谐社会，具有十分重要的意义。”可以说，科学素质对于公民个人，直接影响着生存与发展的能力，对于国家则制约着创新与可持续发展的能力，而对于社会则是构建和谐的基础。

科普工作理想中的效果从主体角色上看应当是外部主体、内部主体、边界主体各司其职，充分发挥各自功能与作用。理想中的社区科普最好的效果应当是多元治理，利益共同增进。多元主体参与社区科普的过程中，各主体相互合作、互帮互助，逐渐强化对彼此的信任，形成相关规则、机制、科普网络，反过来又为多元主体参与社区科普的推进与深入创造良好的环境。虽然在实际中，多元主体参与社区科普仍有不足之处，但已经逐渐得到人们的重视，并通过实践得到检验和发展。

第三章　调研基本思路设计与调研概况

第一节　课题调研对象、思路与方法

为研究河北城市社区科普工作的开展情况，项目团队于2020年6月至2020年12月在B市城市社区进行了实地调研。调研依据前期文献研究与相关理论的指导，依托问卷调查和访谈的方法工具，重点测量如下几个问题——河北城市社区科普工作履职进程是否也存在着挑战？是否具有和其他省份一致的共性问题？抑或具有河北地方自己的特殊之处？如果存在困境，其深层次原因何在？

问卷调研对象主要针对B市的社区居民、社区两委委员。其中选取B市LC区、JX区7个社区发放问卷。面对居民发放问卷共计330份，现场回收330份，现场回收率达100%。筛选后有效问卷320份，占回收问卷的97%。面对社区两委人员发放问卷54份，现场回收54份，现场回收率达100%。筛选后有效问卷54份。随后采用SPSS统计分析软件对问卷样本数据进行基本统计分析。

质性访谈主要针对社区两委工作人员，在7个社区中，随机选取了12名人员进行访谈，相关编码与访谈材料详细内容参见附录 8。以上两部分的调查内容在项目调研报告最后附录部分都有详细的展示。

调查地点的选取。B 市位于 H 省中部，毗邻北京和雄安新区，与北京和天津形成了一个黄金三角，是京畿之门，城镇人口 528.13 万人（2020 年），城市化率为 57.14%。B 市曾是清朝直隶省会，直隶总督驻地，也是 H 省最早的省会，素有“冀北干城，都南屏翰”之称，拥有丰富的社会、历史和文化遗产。B 市也是众多高等院校的所在地，包含教育部直属、省属重点院校等众多优秀院校，因此形成了浓厚的学术和科研氛围，也为 B 市的科学普及工作提供了坚实的技术和专业性保障。由于作者时间和精力有限，不能够将 B 市全部社区作为调查对象，为了突出调研的重点——“城市社区”，决定以 B 市 LC 区和 JX 区为主要地点。同时选取不同类型社区，新老社区之间发展水平不同能够确保样本的广泛性。在对下述 9 个社区科普服务供给状况开展调研的过程中，我们根据 B 市实际情况制定了调查问卷及访谈提纲，采用问卷调查和实地访谈的形式了解到 B 市社区科普服务供给现状以及存在的问题（如表 3-1 所示）。

表 3-1　调研地点的基本信息

调研社区	社区基本情况	社区特点	社区类型	社区地理位置
ZHJY 社区	ZHJY 社区隶属 B 市 LC 区 NG 街道办事处。辖区东起西马池，南至防洪堤，西起裕丰三期，北至胜利西街，总占地面积 1.08 平方公里。居民共有 1656 户，总人口 4140 人。社区两委干部 8 人，交叉任职 2 人，党员 14 人，入党积极分子 1 人，居民代表 17 人	ZHJY 社区 2011 年成立，下辖 6 个小区，1656 户，有 10 个社会组织，14 名党员志愿者，17 名楼院长，近三分之一劳动力为长城公司员工；社区有 60 多名低龄老人，有基本的生活自理能力；70 多名青少年	商品房社区	B 市 LC 区

续表 3-1

调研社区	社区基本情况	社区特点	社区类型	社区地理位置
EZ 社区	EZ 社区地处古城中心繁华地带，南临著名的大清河、清代的“天水桥”及府河市场，西临 Y 小学，东临 L 大街。全国重点 B 市二中也坐落在本辖区内。辖区人杰地灵，是文化场所聚集之地，辖区面积 14.1 万平方米，总户数 1477 户，人口 5167 人	散居型、老旧式小区，人口结构复杂、人口流动频繁。辖区内有市重点二中，南临府河市场、动物园，北邻 B 市老商业中心，东临 L 大街，典型老旧城区。社区硬件设施有待提高，活动场地较小。中青年居民占比 72%，儿童占比 13%，60 岁及以上老人占比 15%。同时社区登记的残障人士 50 多人。社区工作人员 6 名，马上有 3 名面临退休	单位社区，老旧社区	B 市 LC 区
SHJY 社区	SHJY 社区有 21 栋居民楼 2368 户，现实际居住是 2062 户，实际居住人口是 5399 人。共有社区干部 7 名，公益员 1 名，楼院长 24 名，目前共有离退休党员 37 名	SHJY 社区人口老、中、青比例分别为 40%、40%、20%，经入户走访调查，30% 身体状况良好的老年人因退休后无所事事，生活比较单调，再加上儿女平时工作比较忙，不能时常陪伴在身边，造成了老年人精神和业余文化生活欠缺	商品房社区	B 市 LC 区

续表 3-1

调研社区	社区基本情况	社区特点	社区类型	社区地理位置
DS 社区	DS 社区位于裕华东路以北，东关大街以南，长城南大街以东，红星菜市场以西，管辖范围有 8 个小区和 1 个自然村，总占地面积 0.02 平方公里，属“散居型”小区。辖区总户数 2008 户，总人口 4638 人，现有支部党员 128 人，社区党支部、居委会“两委”人员共 11 人，劳动保障员 1 人	（1）DS 社区老年人口、高龄老人比例高。辖区总户数 2008 户，总人口 4368 人，现有社区工作人员 6 名，党员 130 人。经了解，60 岁以上老年人占户籍人口的 30%，80 岁以上老年人 139 人，重残 8 人，重病 8 人，因病致贫 7 人，空巢老人 3 人，60 岁以上享受低保的老人 3 人 （2）小区内均无物业，TR 小区仅有 2 栋楼，凝聚力强，基本可做到自治。其他小区邻里关系相对和谐，凝聚力不足	商品房社区	B 市 LC 区
HD 社区	HD 社区隶属 B 市 DG 街道办事处，位于 B 市 W 路 H 大院内。H 大学是 H 省唯一一所重点综合性大学和“省部共建”大学，辖区占地面积 893 亩，建有住宅楼 70 栋，住户 2800 户，居民 8000 余人（正式职工 3345 人），正式本科毕业生离校但户籍仍在该社区超过两年以上的还有 10 000 余人，博士生 240 余人，研究生 5000 余人，居民整体素质较高	HD 社区 ZY 小区为 H 大学家属院，地理位置临近 H 大学老校区，居民以 H 大学在职、退休教师及家属为主，且小区 60 岁以上老人占 22.4%。小区环境优雅，物业由 H 大学后勤集团提供服务，硬件设施等条件不错	单位社区	B 市 LC 区

续表 3-1

调研社区	社区基本情况	社区特点	社区类型	社区地理位置
LJ 社区	LJ 社区为散居社区，居民以个体经商人员为主，住户多，外来人口较多	孩子和老人多，儿童占比 13%。社区居民以个体经商户为主，文化水平普遍不高，照料家庭和孩子的时间精力有限，无暇关注孩子的课余生活。社区居民家庭多数面临孩子放学没人看管，孩子难管，以及孩子课余文化娱乐生活没有合理规划的问题	商品房社区，老旧社区	B 市 LC 区
DJJ 社区	DJJ 社区内楼院处于散居、无物业、出入口较多、难以管理的状态	DJJ 社区地处 B 市老城区，居民楼 35 栋，常住居民 1310 户，流动人口 245 户	老旧社区	B 市 LC 区
XLMD 社区	社区占地 155 亩，总建筑面积 339 281.89 平方米。由 15 栋住宅楼组成，共 3246 户，居住人口 10 000 余人，为封闭式小区	社区工作人员 7 名，包含专业社工 6 名，设有多功能厅、儿童活动室、图书室、电子阅览室、书画室、日间照料室等多种活动场所。为打造社区特色，传递正能量，XLMD 社区在 B 市率先创建了以专业为导向的博士工作站，以“助人自助”为宗旨的个案室，以“献爱心暖他人”为理念的志愿者活动基地	商品房社区	B 市 LC 区

续表 3-1

调研社区	社区基本情况	社区特点	社区类型	社区地理位置
XYD 社区	XYD 社区隶属 B 市 JX 区 HB 街道办事处，共有 1977 户，居民 4900 余人	社区设置一站式服务大厅，分设党务服务、民政服务、计生服务、劳动保障 4 个窗口，全力推行“两个代办”工作，提供“一条龙”温情化精细化服务，成为全市第一批高标准和谐社区	商品房社区	B 市 JX 区

第二节　问卷调查概况

一、样本基本信息

为保证得到调研对象较为真实的反映以及较高的问卷回收率，此次问卷调查采用了纸质答卷当场发放回收的方法。此次问卷调查于 2020 年 9 月开始进行，重点是在已选定的 9 个社区里完成问卷发放。面对社区居民发放问卷共计 330 份，现场回收 330 份，现场回收率达 100%。去除前后矛盾、内容不清等质量较差的问卷后，筛选出有效问卷 320 份，占回收问卷的 97%。

在对问卷进行更深入分析之前，要先了解掌握调查样本的基本信息。图 3-1 至图 3-5、表 3-2 分析了样本性别结构、年龄、学历、职业。总体而言，样本的特征分布比较均衡，不会影响数据分析的准确性。

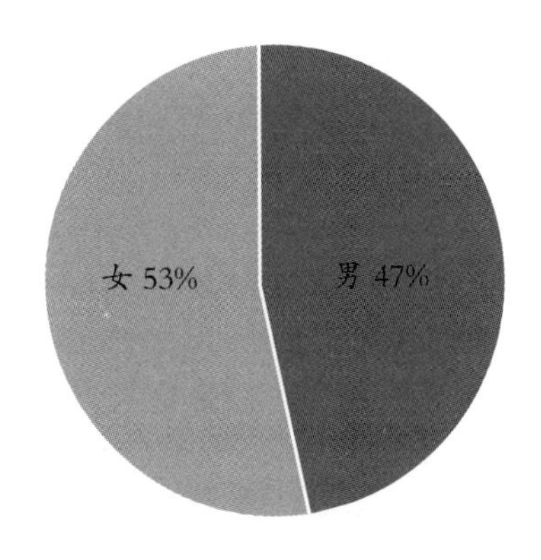

图 3-1　受访者性别分布比例

表 3-2　受访者年龄

变量	样本量	平均值	标准差	最小值	最大值
年龄	320	46.281 25	17.845 64	9	70

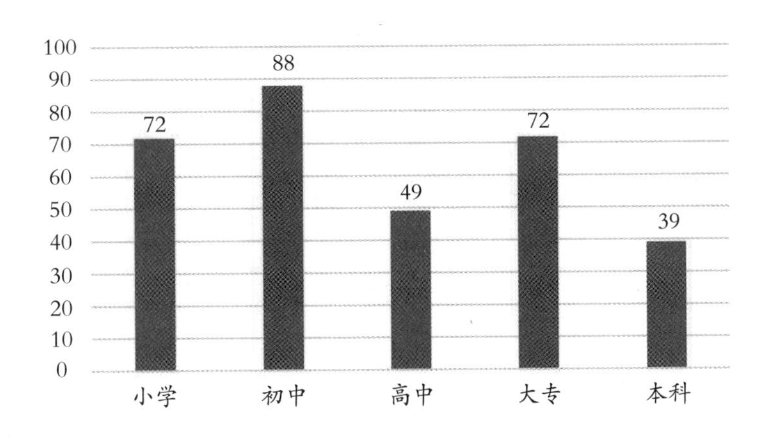

图 3-2　受访者学历分布（单位：人）

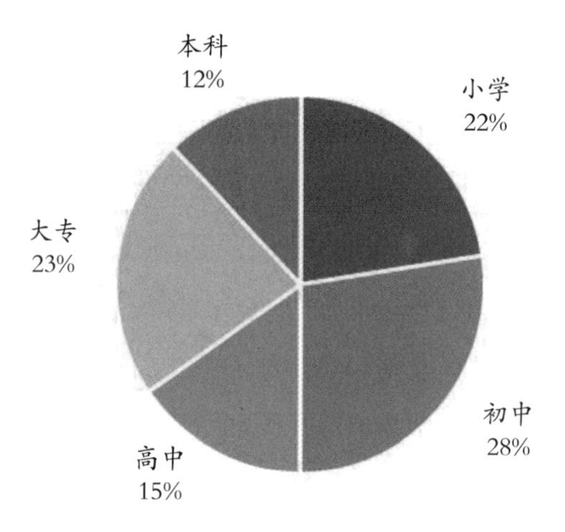

图 3-3　受访者学历分布比例

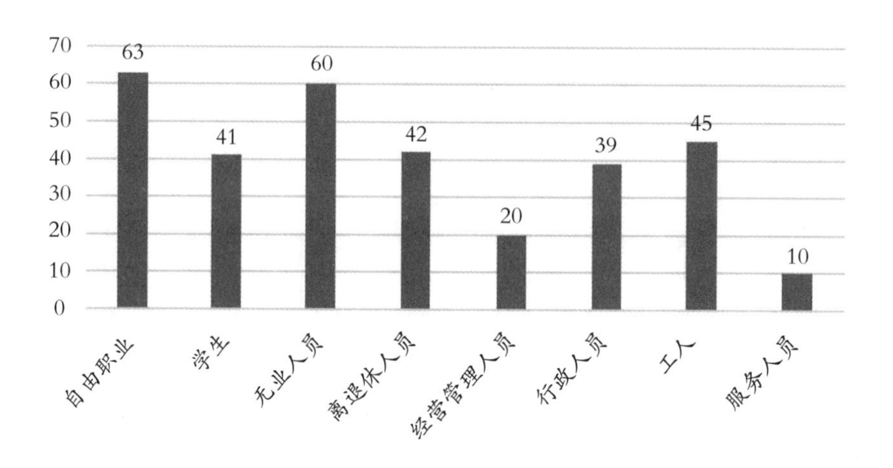

图 3-4　受访者职业分布（单位：人）

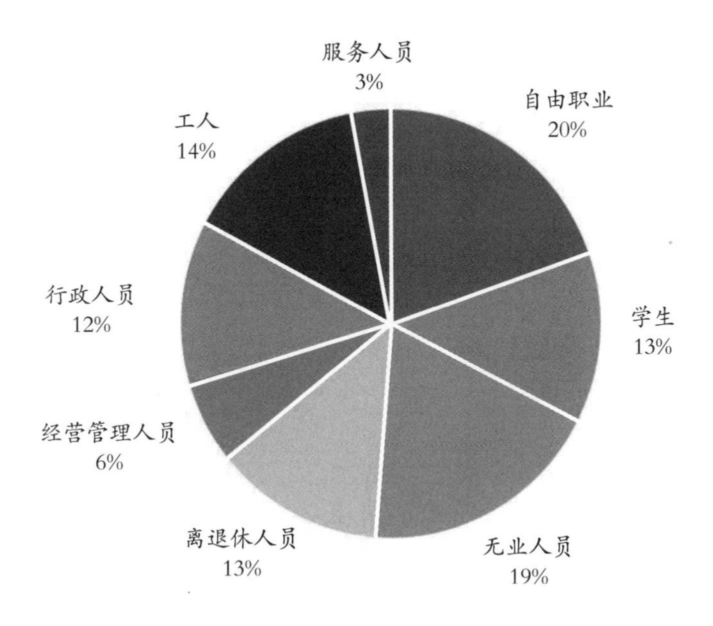

图 3-5　受访者职业分布比例

二、调查概况

（一）被调查城市社区居民人员问卷基本情况

社区居民的科普问卷调查各选项的描述分析的简况表如表 3-3 所示（问卷设计参见附录 1）。

表 3-3　社区居民的科普问卷调查各选项的描述分析的简况

变量名	样本量	平均值	标准差	最小值	最大值
对科普设施、场地建设的满意程度	320	−0.5625	1.342 542	−2	2
对政府重视程度的满意程度	320	1.1875	1.229 673	−2	2
对科普工作的管理方面的满意程度	320	0.781 25	1.337 653	−2	2
对科普队伍、志愿者队伍的满意程度	320	−0.031 25	1.402 403	−2	2
对实际开展的科普活动的满意程度	320	0.9375	1.268 413	−2	2

相关受访者基本特征如下。

1. 性别分布。

图 3-6 基于居民调查问卷第一部分第 1 问。

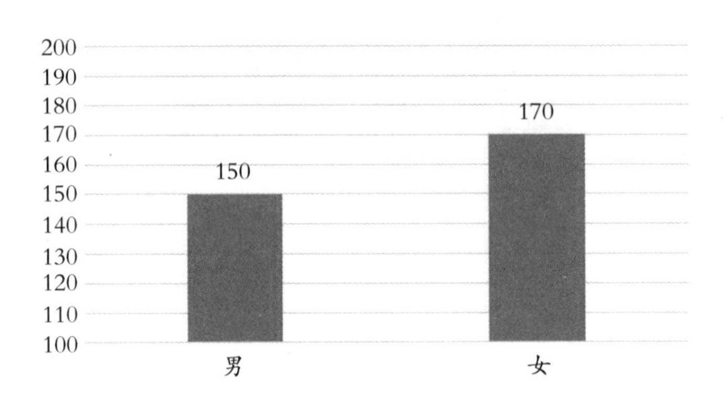

图 3–6　受访者的性别分布（单位：人）

2. 年龄。

表 3-4 基于居民调查问卷第一部分第 2 问。

表 3–4　受访者年龄

变量	样本量	平均值	标准差	最小值	最大值
年龄	320	46.281 25	17.845 64	9	70

3. 学历。

图 3-7、图 3-8 基于居民调查问卷第一部分第 3 问。

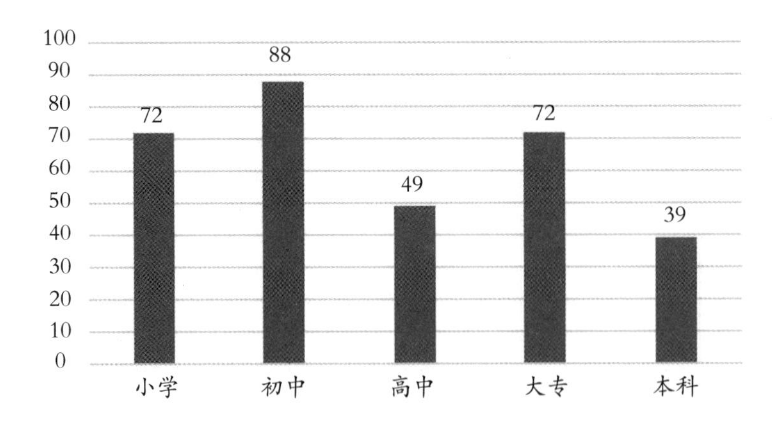

图 3–7　受访者学历分布（单位：人）

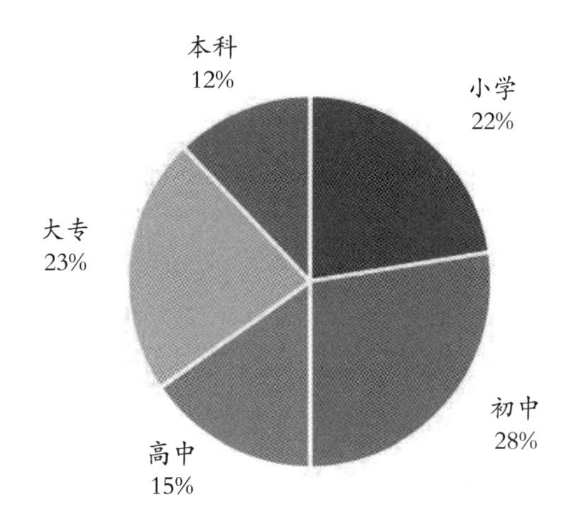

图 3-8　受访者学历分布

4. 职业。

图 3-9、图 3-10 基于居民调查问卷第一部分第 4 问。

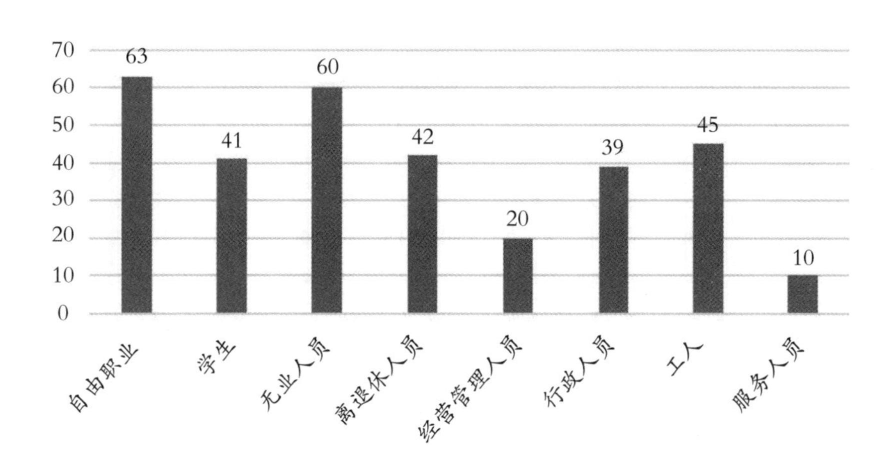

图 3-9　各职业人数（单位：人）

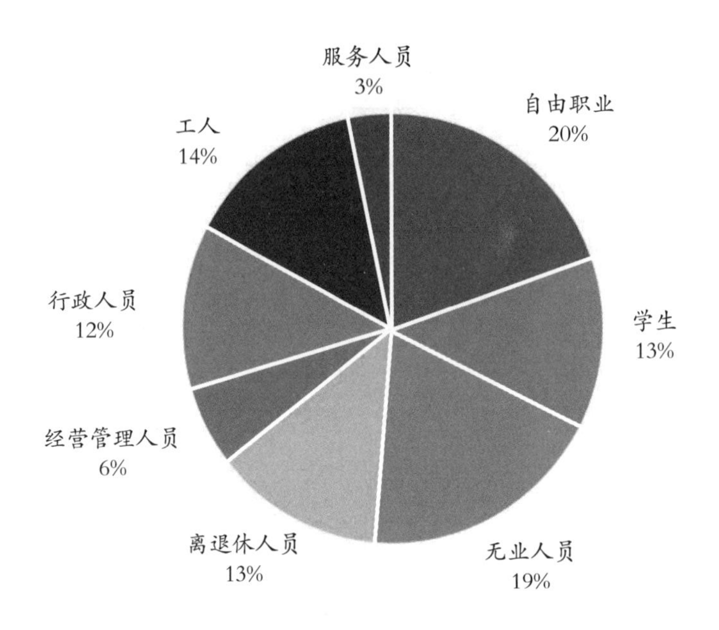

图 3-10　各职业分布

（二）社区两委人员问卷基本情况（受访两委的总人数为 54 人）（表 3-5）

表 3-5　社区两委人员问卷基本情况

变量名	样本量	平均值	标准差	最小值	最大值
科普工作人员数量	54	1.407 407	0.687 311 4	1	4
年度经费投入总数	54	1.629 63	0.875 156	1	4
经费是否满足社区科普工作需要情况？	54	1.814 815	0.848 396 4	1	4
是否建有科普活动室及数量？	54	0.648 148 1	0.482 032 2	0	1
是否建有科普宣传栏及数量？	54	0.777 777 8	0.419 643 5	0	1
是否有社区科普图书室？	54	0.537 037	0.503 308 4	0	1
是否被评为“科普示范社区”？哪个级别？	54	0.111 111 1	0.317 220 6	0	1
是否提供科普信息化手段（如互联网、电视媒体）？	54	0.388 888 9	0.492 075 6	0	1
每年开展科普活动的数量	54	2.018 519	0.764 562 8	1	3
每年举办科普讲座（报告、宣传）的数量	54	1.685 185	0.667 975 7	1	3

续表 3-5

变量名	样本量	平均值	标准差	最小值	最大值
平均每次科普讲座（报告、宣传）的参加人数	54	2.203 704	0.450 560 6	1	3
每年组织青少年科技教育活动（包括科技竞赛、科技冬夏令营、其他主题科技活动）的数量	54	1.277 778	0.626 962 3	1	3
平均每次青少年科技教育活动的参加人数	54	1.592 593	0.630 02	1	3
每年组织科教进社区活动（包括义诊等活动）的数量	54	1.425 926	0.716 433 8	1	3
平均每次科教进社区活动的参加人数	54	1.777 778	0.663 514 6	1	3

第四章　当前城市社区科普工作中典型问题及原因：基于社区科普功能发挥及履职视角

结合前面文献梳理与研究、相关理论的启示，通过对B市11个城市社区居民、两委工作人员的问卷调查及访谈，项目组验证了现阶段H省城市社区科普工作中存在的典型问题及遇到的挑战，并在数据统计与质性材料分析基础上推断了可能性的原因要素①。

第一节　城市社区科普服务供给基本概况

一、B市城市社区科普服务基本情况

丰富的高等院校和浓郁的科学文化氛围为B市的科普工作提供了有力的技术保障。经济上，2020年全年全市生产总值完成3353.3亿元，比上年增长3.9%。其中，第一产业增加值391.6亿元，增长3.5%；第二产业增加值1109.7亿元，增长4.6%；第三产业增加值1852.0亿元，增长3.4%。三次产业结构

① 项目调研的是以B市为样本，与其他H省城市必然存在一定区别，但鉴于B城市在H省的广泛代表性，以B市为例拓展到了H省城市社区。

为 11.7 ：33.1 ：55.2，第三产业的发展也为科普的发展提供了良好的条件。据《河北统计年鉴 2021》数据，截至 2020 年年末全市共有公共图书馆 19 个、博物馆 21 个、文化馆 20 个、乡镇（街道）文化站 285 个、村（社区）综合性文化服务中心 5524 个，广播电视节目综合人口覆盖率达到 99.15%，这都为科普提供了良好的氛围与环境。

2021 年 5 月 28 日至 30 日在北京召开两院院士大会、中国科协第十次全国代表大会，在会议举行的“科创中国”试点城市授牌仪式上，B 市被确认为 H 省唯一的试点城市。据介绍，B 市区位优势明显，产业集聚合理，人才资源丰富，创新能力强。多年来，市委市政府积极响应推动国家创新驱动发展战略，不仅十分注重科技创新发展，同时大力加快科技与经济的深层融合发展。这些都为获得中国科技创新试点城市称号提供了技术基础和有利条件。B 市作为中国第一个以创新为主导的发展示范城市，获得了中国科协的大力支持，与 69 个全国协会和 2100 多名学者、专家和研究人员建立了伙伴关系。凭借强大的科技资源，B 市可以有效支持全市 9997 家科技型中小企业和 1185 家高新技术企业，有效促进其创新、绿色、高质量发展。

二、B 市城市社区科普服务多主体参与情况

近年来，B 市正在积极探索多元主体供给机制，建立多元主体广泛参与的社区科普服务体系。政府作为主导力量，企业和社会组织也已成为社区科普服务供给的重要补充力量。

（一）政府的参与情况

政府不仅是社区科普服务的主要供给者，更是公众科普权益的保障者。B 市致力于建设现代化社区科普服务体系，搞好社区科普服务建设，依托文化馆、图书馆等提供主要公共文化产品和服务设施来进行科普服务，开展技术知识讲堂、宣传展演、科普日等活动，加强社区科普设施建设，打造科普馆和科学宫等。目前，B 市政府正在主导建设“科创中国”试点城市，主要进行“科创中国”平台建设、科技馆等项目，充分发挥科普产业的集聚效应。

（二）企业的参与情况

目前，越来越多的企业主动承担起社会责任，自觉参与社区科普服务供给，利用其自身的技术、人才、资金和资源优势，主动寻求与政府合作。近年来，B 市科技类规模以上工业企业科协组织科协工作覆盖率超过 80%，重视大型科

技类民营企业和创新型中小微企业科协建设。同时实施企业自主创新能力提升助力工程。通过构建学会—企业合作研究机构（学会工作站、联盟、研究院、中试基地等），提升企业自主创新能力，形成自身研发创新体系和相关运行机制，构建企业自身研发、成果推广应用、科技管理体系和技术依托，并形成较强的对外合作能力。B 市社区科普进行一年一度的科普日、科普展示进社区等活动，企业也通过资金支持和设备赞助的方式积极参与其中，在履行社会责任的同时，也建立了良好的政企关系，企业参与社区科普服务供给的优势逐渐显现。虽然，B 市多元主体供给的制度环境还有待提高，但是，企业已经逐渐成为不可或缺的力量，在改善民生领域占有举足轻重的地位。

（三）社会组织的参与情况

近年来，社会力量越来越广泛地参与到社区科普服务供给中。B 市现有科技志愿服务组织注册总数达到 43 个，注册人数达到 1387 人。在社会组织积极参与社区科普活动的开展中，如在抗击新冠疫情期间 B 市沙盘游戏与箱庭疗法技术学会会长为 B 市 YD 中学开展了题为"'心'的沟通——疫情下的亲子沟通与情绪管理"的线上心理健康公益讲座，全校 1400 多名学生同时在线参与聆听了讲座。此次授课正是适应抗击疫情需要开展的一次公益活动。社会组织也是社区科普产品和服务供给过程中的主要协作者，特别是文化设施、科普场所的建造和所需的设备。此外，B 市还通过政府购买，组织社会组织进社区，为社区居民提供科普服务等。

三、B 市社区科普服务供给取得的成绩

（一）政府供给力度较强

社区科普的目标是通过政府主导、多主体合作等多种形式，推动多个科普服务主体集体参与提供社区科学普及服务，让社区居民获得参与和选择的权利。构建区域内可持续的公共科学传播服务体系，通过最大化发挥社区科普带来的效益，推动社区基础设施创新，实现社区科学传播和居民公共利益的最大化。提高社区宣传的吸引力，增强社区居民的归属感和凝聚力。因此，多主体共同参与社区科普服务的目的不是满足任何特定个人或团体的利益，而是通过让每个参与者充分发挥作用，实现科普服务带来的公共利益最大化。

"我们社区平时基本上都是以讲座的形式开展，比如找一些医生、专家来做相关知识普及。另外还会在社区的宣传栏上面张贴一些传单和海报。社工机

构也有很大的帮助，它们有较完备的组织结构和资金支持，比我们更专业，所以也能减轻我们的工作负担，和我们一起做好社区科普工作，为居民们提供更优质的服务。”（A2，女，43岁，社区书记）

“我们会发一些宣传手册，有时候组织孩子们去参观具有文化与科普意义的地方，偶尔也会组织一些讲座。社区自组织会参与社区治理中，弥补物业的缺失，为居民们提供一些服务，也有助于知识科普。”（C4，男，42岁，社区工作人员）

“我们社区会定期找一些志愿者进行科普工作方面的服务。因为我们是一个高校附近的社区，高校里面会有学生志愿者前来协助我们科普，包括发一些科普宣传单，或者为居民进行科普知识讲解。有些学校的志愿服务团体也来我们社区进行服务。我们成立社区自组织，可以更好地给志愿者们提供服务指导，从而更好地为社区居民提供服务。”（C1，女，39岁，社区工作人员）

“我们社区有时候会开一些讲座，更多的是发放一些宣传资料。最缺的就是资金的支持，没有钱什么都做不了。还有人力物力都跟不上，大家都不了解这些，没有一个专业的科普人员，我们也只是自己摸索着做。而且人手也不够，工作人员本来就很少，日常的工作做起来也很吃力，更不可能有专门做科普的人员。但是每个月15日是我们的志愿者日，会招募一些志愿者帮助我们一起做服务。通过和社区居民平时的交流可以感受到大家对科普这些内容都还是有需求的，只不过是现在还没有办法去完全实现，如果条件都跟得上，那肯定是全部都有需求。”（A1，女，47岁，社区书记）

以上四段访谈表明了社区对社区科普服务供给的重视程度，社区科普的宗旨是为社区居民提供更好的科学服务，从而为社会的可持续健康发展做出贡献。这一过程需要政府发挥主导作用，让其他利益相关者参与社区层面的社会科学服务的提供中来。因此，参与提供社会科学服务的所有相关者必须有共同的目标，这是产生良好社会治理效果的根本。

（二）多元主体参与社区科普服务供给

B市城市社区科普服务已经初步形成了多元主体协同供给的格局，除政府外，社会组织、社区自组织、企业和个人都或多或少地参与其中，如民间团体、志愿组织和文化企业成为B市提供群众性科学服务的主要社会力量。D市的行政部门是科普服务的主要提供者，市科协是提供科普服务的不可或缺的主体。

市科协既是科普基础设施的主要创建者，又是科普活动的主要组织者。同时，科协又是传递过程规划的主要决策者，在整个科普服务供给过程中起着规划者和协调者的作用。企业、社会组织和志愿团体开展的科学传播活动在一定程度上都离不开政府的帮助和科协的指导。

2021年5月15日，由B市科协主办，B市科技活动（咨询）中心、B市科学宫协办，B市JX社区、B市X物业服务有限公司承办的“学党史，送科技，科协在你身边”科普宣传系列活动走进JX社区。活动旨在将党史学习教育与为群众办实事结合起来，全面提升社区高质量服务能力和水平，打造科普精品项目。整场活动吸引了500余名党员群众参与，获得居民一致好评。

“我觉得这种活动很有意义，能够坚定大家的理想信念，尤其是党员同志要发挥先锋模范作用，因为我也是一名老党员了，我觉得自己有责任也有义务奉献自己的力量。积极参加这类型的活动，不仅能提高我们的思想水平，也可真正学习到新知识。我也带着我的孙子来了，虽然他现在还在上幼儿园，但是教育要从娃娃抓起嘛，希望他能在这种活动中感受到科学的力量。”（E5，男，71岁，社区居民）

“我今天参加这个活动还是蛮开心的，我觉得很有趣，现在这种活动办得还是少，希望以后能多办一些这样的活动。”（E6，男，53岁，社区居民）

除了由政府主导的科普服务外，企业和其他社会组织也成为B市科普产品和服务供给过程中的主要协作者，特别是文化设施、科普场所以及建造和使用的设备。竞争性的市场机制在一定程度上减少了“搭便车”行为，有利于提高科普质量和水平。

“我们是承接了政府的一些服务，政府给我们提供资金，我们根据政府的要求去社区实地完成相关的服务。”（D1，男，52岁，社会组织工作人员）

一些社区成员也为提供科普服务做出了贡献。据调查了解，许多社区都有由居民自己组织举办的小型科普活动。这些活动一般由社区内的老年人发起或支持，他们在社区的各种活动中比较积极，并利用社区所提供的学习场地和设施组织有关科普的活动。

“现在退休了，闲暇时间很多，所以我就想着把社区里退休在家的老人们组织起来，一起定期做一些活动，比如打打球、出去看看展览、辅助社区的工

作，也算是发挥余热，丰富我们的老年生活。”（E2，男，68岁，社区居民）

“这办得按你说的叫什么？对，社区自组织。我们自己办了个老年人协会，大家在一起学习新知识，也参加社区的一些活动。”（E3，女，62岁，社区居民）

（三）供给投入和种类较多

B市现有科技志愿服务组织注册总数达到43个，注册人数达到1387人。社区科普投入不断增大，体系不断完善。2020年，B市科协共有11项项目支出，分别是科普经费80.00万元、全民素质经费24.00万元、老科协经费2.60万元、流动科技馆运行经费24.00万元、素质体验馆建设经费80.00万元、助力智慧保定城市建设经费70.00万元、省科协改革试点经费16.00万元、省科协基层科普行动计划86.00万元、省科协改革试点经费10.00万元、创新驱动助力工程发展示范市试点建设经费80.00万元、提前下达2020年基层科普行动计划中央补助资金198.00万元。

B市社区科普活动形式与内容不断丰富，不同类型的科普服务供给综合运作才能充分满足各种科普知识需求。XLMD社区和XYD社区位于B市不同两区，且XLMD社区在B市率先创建了以专业为导向的博士工作站，以“助人自助”为宗旨的个案室，以“献爱心暖他人”为理念的志愿者活动基地；XYD社区作为B市第一批高标准和谐社区，有着鲜明的代表性。因此本书选取以上两个具有典型代表性的B市城市社区近五年科普活动作为样本进行展示，详见表4-1、表4-2。

表4-1　XLMD社区科普活动

科普活动	活动具体内容
崇尚科学、反对迷信	1. 特别的日子，以朗读来致敬伟人”活动
	2.“在文字里遇见你”活动
	3.“听英雄故事，习闪光精神”活动
	4.“喜迎国庆，爱在重阳，我和我的祖国”庆祝中华人民共和国成立70周年活动
	5.“不忘初心、牢记使命”主题教育运动会
	6. 老年人防诈骗知识讲座
	7“新的沟通，心的距离”——美地社区老年人心理健康知识讲座
	8.“宝贝别害怕”青少年安全自护教育活动

续表 4-1

科普活动	活动具体内容
医疗保健、营养膳食	1. 眼科义诊活动
	2. 中秋“月饼 DIY”联欢会
	3. “迎七一，颂党恩”系列活动之义诊及科普讲座活动
	4. “口腔健康社区行”义诊活动
保护环境、低碳生活	1. 美地社区“世界清洁日”活动
	2. 对“舌尖上的浪费”坚决说不!
	3. “党员进社区，争创文明城”活动
	4. “创城做表率，文明我先行”志愿服务活动
	5. “五清四治”环境卫生大扫除和秩序大整治
	6. 社区环保日，齐来做分类——美地社区环保协会月主题活动
	7. 2019 年“9・21”世界清洁日活动
	8. “开启我的 60+ 生活”地球一小时关灯活动
实用技术、职业技能	1. B 市大学生征兵最新优待政策
	2. 致 B 市适龄大学毕业生的一封信
	3. 2020 年社工考试报名在即，想考社工证的居民朋友请注意了!
	4. 失业人员免费培训
	5. “智能手机，智慧人生”老年人手机互助学习小组系列活动
应急科普、防灾减灾	1. 高层坠楼、高空坠物安全提醒!
	2. 高考后放轻松，“安全弦”不能松
	3. “5・12”防灾减灾日系列活动
	4. “4・15”全民国家安全教育日宣传活动
	5. 安全常识系列活动
	6. 请社区居民注意燃气安全注意事项
	7. 消防安全教育培训会
	8. 安全生产教育警示会
食品安全、健康生活	1. “寸草阳光”社区小课堂
	2. “我的情绪小怪兽”免费公益故事会
	3. “世界无烟日”宣讲活动
	4. 安全生产、食品安全隐患大排查
青少年科技体验	1. 美地社区小学生观影活动
	2. “英语小达人”兴趣学习活动
	3. “我是小小科学家”趣味实验活动

续表 4-1

科普活动	活动具体内容
自然科学知识	1. 绿植浇灌活动
	2. “青青树苗，等你认养”活动
	3. “植树节的前世今生”活动
其他	1. 禁止高空抛物倡议书
	2. 非法集资套路深，几招识别不被坑
	3. “守护童年，平安成长”——美地社区防拐骗、欺凌、侵害小组活动

表 4-2　XYD 社区科普活动

科普活动	活动具体内容
崇尚科学、反对迷信	1. 开展中华经典诵读活动
	2. 开展中共 B 市委员十一届九次全会精神宣讲活动
	3. 庆祝中国共产党建党 99 周年座谈会
	4. “扫黄打非”宣传活动
	5. “不忘初心、牢记使命”系列主题教育专栏
	6. 新一代社区联合党委开展扫黑除恶专项宣传活动
	7. 人大代表助力“扫黑除恶”主题宣讲活动
	8. 扫黑除恶警示教育
医疗保健、营养膳食	1. “暖心义诊进社区”志愿服务活动
	2. 牙科义诊进社区，口腔保健暖民心
	3. 党建引领健康行，科普义诊暖民心
保护环境、低碳生活	1. 保护地球环境活动
	2. “清明不忘防疫，祭祀不忘文明”活动
	3. 创城进行时——“助力创城我先行”
	4. 文明没有旁观者，你我都是践行人——-新一代社区创城倡议书
	5. “迎春节、强管理、促提升”环境卫生整治专项行动
实用技术、职业技能	1. 2020 征兵报名流程、优惠政策及宣传片
	2. 兴趣从小培养，未来苗壮成长——新一代社区公益课程暑期班
应急科普、防灾减灾	1. 举行防汛应急演练
	2. 防灾减灾活动
	3. 提高全民安全意识，开展国家安全教育活动
	4. 气瓶安全使用知识培训
	5. 春节安全常识
	6. 消防安全知识讲座

续表 4-2

科普活动	活动具体内容
其他	1. 周三心理茶系列活动
	2. “爱在七夕”家庭教育讲座

（四）多元的供给方式和技术手段

B 市社区科普服务供给由政府单一供给方式转变为单一供给方式与多种供给方式并存。科普服务供给方面，以开展科普服务为主要职能的基层行政作用机制日益格格不入，随着社会组织、驻区单位等的发展壮大，也希望能够参与基层治理。此外，虽然政府购买服务模式开创了政府与社会的合作模式，但仅仅包括政府与社会组织之间的合作，还不能充分调动社区居民和驻区单位的积极性。一方面，我国大多数地方还处于以政府为主、以市场为辅的体制状态，无法有效地调动多方力量来共同解决公众需求问题。另一方面，由于受传统文化影响，人们往往认为基层政府应该包办一切。为此，B 市高度重视联建项目和自治项目的投资建设，充分调动了基层党组织、政府、驻区单位、社会组织和居民的参与积极性，形成政治组织和社区组织多元参与的合作格局。在此背景下，B 市逐渐出现了一种新的社区科普服务模式：基层政府将科普服务下放到社区组织和居民，激发主体力量，满足各类社区科普服务需求。同时，一方面由基层政府以项目资金的形式安排专项资金，帮助完善社区科普服务供给；另一方面，由基层党组织履行组织引导职能，促进社会主体资源有效整合，激发社会主体的参与积极性和互动性，形成有效、合理的多元主体供给模式。也就是说，政社合作提供社区科普服务，就是街道、乡镇党（工）委等基层政府整合的过程。协调多元社会力量参与提供社区科普服务，这与只有政府与社会组织合作的模式形成鲜明对比，也与社区居民、驻区单位无从发挥积极性形成了明显对照。

第二节　社区科普工作中存在的问题

一、科普活动频次不高，居民参与度有限

本次调查显示，社区科学普及活动参与度低。在调查的样本城市社区中（见图 4-1），62.50% 的居民表示过去一年内从不参与社区科学普及活动，9.69% 的居民参加过一次，18.75% 的居民参与过两次，6.25% 的居民参与过三次，仅有 2.81% 的居民参加过四次及以上，且老年人为参与科普活动的主要人群。参与的群体方面，老年人是参与社区科学普及活动的主要力量，青少年其次，中青年排最末，这与老年人这一群体有更多的空闲时间有关。他们时间充裕，成了科学普及活动的主力。

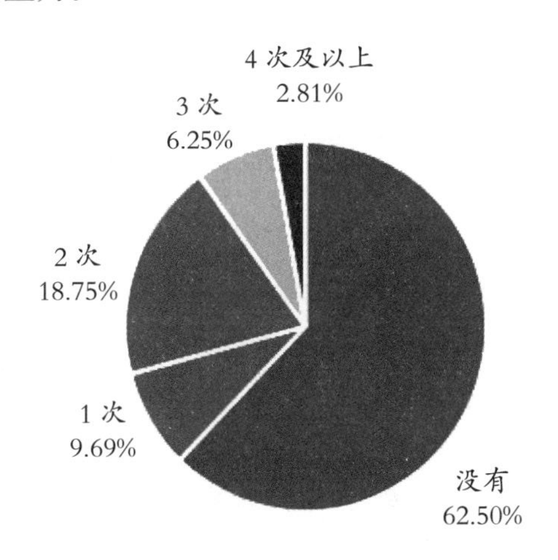

图 4-1　基于居民调查问卷第二部分第 3 问

在访谈中还了解到居民对社区科普活动的期望值还是比较高的，但社区实际提供的科普活动内容和形式不能满足群众需要和需求，在一定程度上影响了社区居民对科学普及活动参与的积极性。

"每次入户开展科普工作时，都会询问社区居民的需求与对我们工作的建议。参与调查的居民，大约有一半以上表示对生活健康和医疗科普比较感兴趣，还有一部分人对青少年科技知识感兴趣。"（N9Q2[①]）

① N9 代表第 9 个访谈者，Q2 代表第二个问题。这些材料与附件访谈材料对应。

“反对迷信方面、医疗保健、食品安全方面都还是有需要的，现在社会上问题比较突出，让居民们普遍有一种不安全感，多开展这些方面的科普工作，可以增加大家的知识，从而提升安全感。”（N2Q2）

本次调研社区居民对科学普及工作的满意度发现，居民对科学普及工作满意度不高，较低的满意度必然会削弱居民参与社区科学普及活动的积极性。

二、科普活动开展的形式与手段不丰富，活动对不同群体适应性不强

首先，科普活动仍以讲座、展览为主，科普活动形式较为单调，缺少互动性，居民往往被动地接受知识，而对于居民的科学精神的培养、科学方法的掌握等方面的引导涉及的相对较少（见图4-2）。

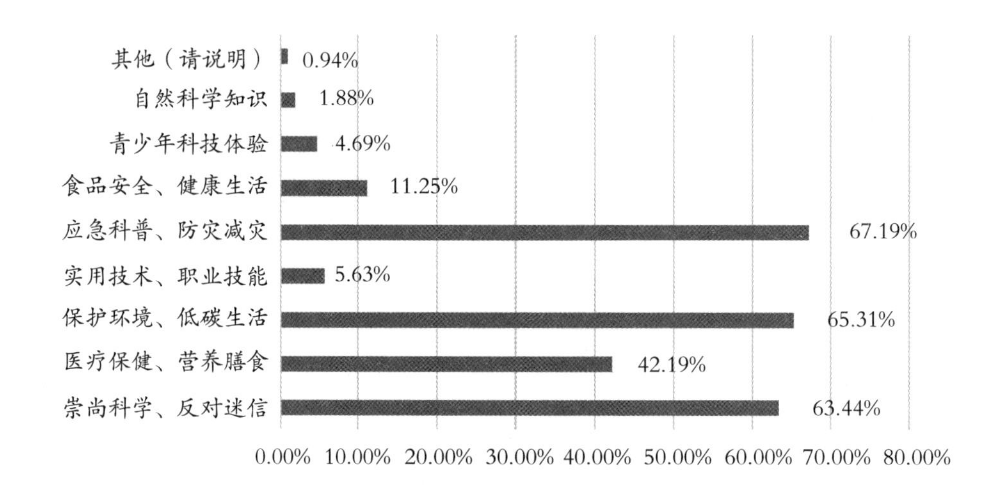

图 4-2　基于居民调查问卷第二部分第 2 问

其次，科普活动依托的手段还不够丰富。进入信息时代，信息化已经成为科技和生产力发展的动力，但社区信息化程度较弱，信息更新慢，不能将信息有效地传递给公众。公众通常通过报纸、电视、广播等获取信息。调查数据显示，被调查的社区通过社区科普宣传栏和报刊等传统手段进行科普信息的传输还是居多（见图4-3）。这种传输形式在互联网发达的今天显得尤为单薄，无法将信息在短时间内进行大规模传播。微信公众号推送等现代网络传播手段还未全面发挥效果，不能充分调动居民对科普知识的求知欲，居民的积极性和参与热情也不能得到最大限度的激发。

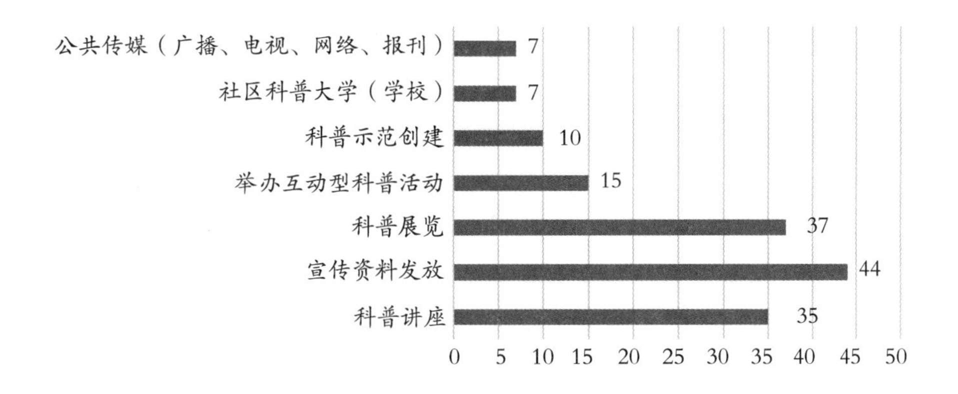

图 4-3 基于行政人员调查问卷第四部分第 2 问

最后，科普活动在满足不同群体科普需求层面针对性欠缺。另外一个较为突出的问题是，社区居民的年龄、受教育程度以及职业类型等千差万别[①]，社区在科普工作的开展以及科普活动的组织中，往往采用“一锅端”的方式，并没有根据受众的不同特征，有针对性地对科普活动进行分类，致使科学普及往往达不到理想的效果。社区工作人员反映：

“通过和社区居民平时的交流可以感受到大家对科普这些内容都还是有需求的，而且还不太一样，只不过是现在还没有办法去完全实现，如果条件都跟得上，那肯定是全部都有需求。”（N12Q2）

三、社区科普服务相关设施设备配置不平衡现象较为突出

在调研走访中发现社区科学普及基础设施水平总体偏低，社区之间受到客观因素影响资源配资方面不平衡现象较为严重。有一些社区活动室里大多只是图片、文字说明等展示，实物较少，可供动手操作的展品更是稀缺，整体缺乏创新意识。科普设施设备陈旧落后，依托这些硬件资源很难激发观众的求知欲，与现代科普所要求的观众积极参与、在动手中激发动脑、从追求“是什么”向追求“为什么”转变的科普理念相距甚远。调查显示，在社区科普设施中，只有 38.44% 的社区拥有阅览室，39.06% 的社区拥有科普画廊或是宣传栏，有 8.78% 的社区有着科普实验设备，互联网设施和科普活动室的拥有量为 0.6%。这些说明科学普及的基础设施整体还较为落后。

“会组织一些讲座、发放资料、在社区内的展板上或者是墙上做一些板书

① 该方面在调研样本统计数据中都有所反映。

来宣传这些东西。也想多做一些，也想做内容丰富、形式多样的活动，但是没人提供资金和设备，没办法做。”（N11Q1）

社区的科普设施少有与现代信息技术和科技创新的结合、网络设施的不完善，都会导致公众接受信息仍处于被动状态，缺乏主动性和互动性。科普设施种类单一、设备维护不到位等一系列问题直接影响居民参与活动的积极性，且对于居民科学素养的提升和身体健康的增强也有一定的阻碍。

四、科普专项经费投入不足

调研中项目组查阅相关资料发现，近年来，虽然我国科技投入不断增加，但基层科普的投入仍十分有限。市、县（区）两级科协科普经费仅仅能够维持一般常规性工作的开展，而且主要来源于政府财政经费，吸纳社会资金的能力十分薄弱，科协在兼顾农村和社区科普工作的情况下，仅能够以点带面重点扶持少数几个社区，并不能大范围推动社区科普工作全面协调发展。科普经费投入水平有限，一定程度上制约了社区科普工作的开展（见图 4-4）。

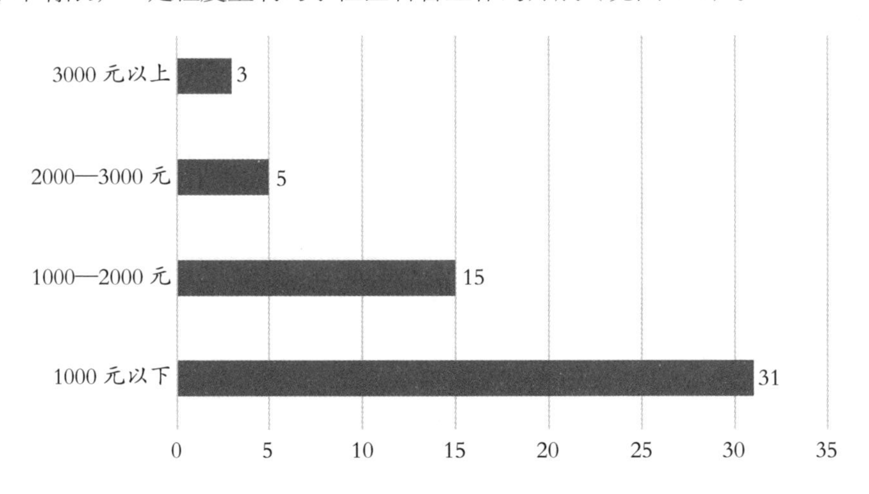

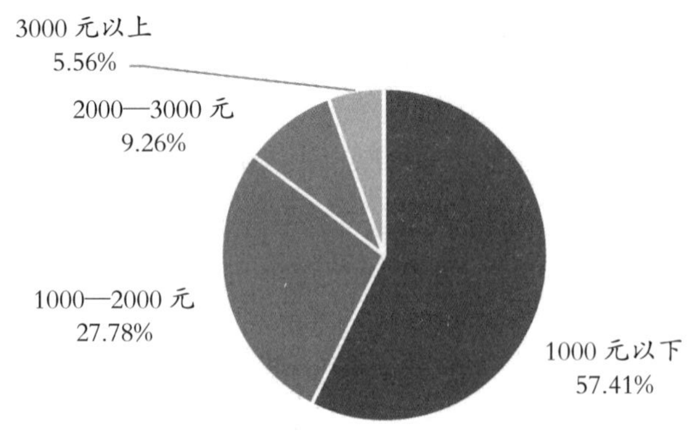

图 4-4　基于行政人员调查问卷第一部分第 4 问

调研中发现，全市各社区用于科普经费的直接资金较少，在一些专项科普领域经费也是“带帽下达、专款专用”[①]，很难运用到其他科普领域。基本上所有的社区科普经费都不能完全满足社区科普工作需要，基层科普设施的运行经费明显不足，好一些的勉强维持正常的活动开展，个别社区甚至无法开展工作。极少数能够保障设施的可持续发展，如科普人员的培训，科普展品和设施的研发、更新和维护等。很多社区都是借助其他活动带动科普活动开展，而这样却对科普工作形成了极大的限制。在访谈中几乎所有社区工作人员都对该问题或多或少有所提及，在询问建议的时候，主要谈论的也是经费问题（Q6）。

五、各类社区科普组织网络尚不健全

社区科普组织网络项目组认为社区科普组织重点是城市社区中的专业科普组织，如科普协会、科普益民服务站、科普屋、科普大学。调研中各个社区在填写问卷的时候，也都填写了一些专业科普组织（见图 4-5）。但在实际走访中，发现这些组织通常身份重叠（具有多重实务级责任），所在的办公场所也是挂牌共用。一方面，社区居民对科普协会、科普益民服务站、科普屋、科普大学的关注度在逐渐加强；但另一方面，现有城市社区组织的建设效果较为一般，说明基层科普组织网络有待进一步建立健全。另外，特别需要提到，大部分社区服务大厅没有设置“科普服务”窗口，有的社区组织网络不健全，比较而言，工会、共青团、妇联等人民团体的基层组织比较完善，独立建制，归属党委领导，工作规范化程度较高，能够自上而下将工作落实到基层。

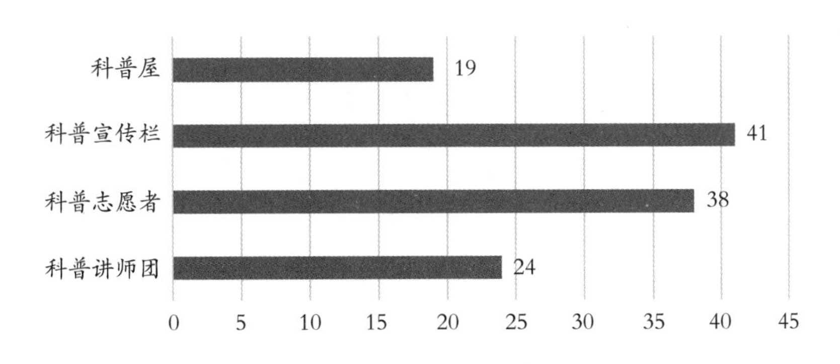

图 4-5 基于行政人员调查问卷第一部分第 2 问

① 如 B 市老年人卫生健康检查费用会专款下拨到社区卫生院。

六、科普工作人员紧缺，专业化科普人才尤为匮乏

在调研中发现绝大多数城市社区内并未配备专业的科学普工作人员，即使是有少量专业科普志愿者的城市社区也并不多见（见图 4-6）。在社区治理过程中，行政工作占用了社区工作人员较大精力，在科普方面专业人手不足问题更为凸显。城市社区科普推广和活动中，大多通过邀请优秀的科普专业人才进行讲座培训。成本相对较大，且不能有效地将科普效果发挥出来。

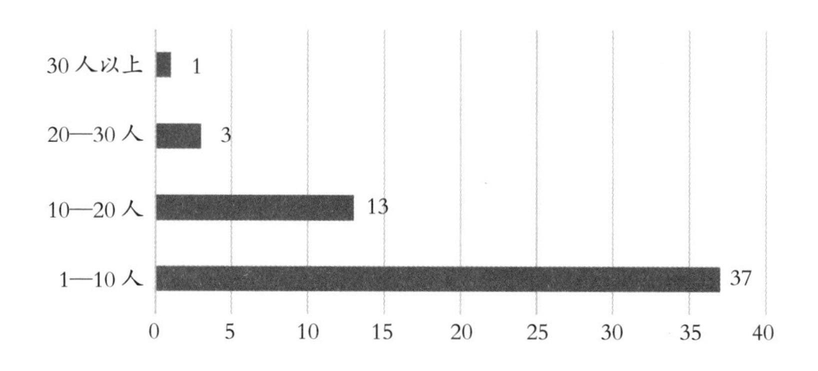

图 4-6　基于行政人员调查问卷第一部分第 1 问

除此之外，专业人才缺乏，无法激发社区科普活动的原创热情，难以将科普作品转换为其他形式的内容，严重制约着科普工作的发展。在科学普及的过程中，网络科普原创作品较少，科普工作缺乏专业的网络科普人才。只有懂得互联网技能又具有专业知识的科普工作者，才可以利用自己的专业和知识储备，采用更加通俗的方式来开展科普活动，而高素质专业科普工作者的缺乏无疑对科普工作的提升有一定的阻碍。

“可以培养一些专业人才，让这些专业人士来到社区，来组建一支专业化的队伍。要提高居民的参与度，更好地了解居民想要什么，多向居民征集意见和建议，主要是要让居民满意。”（N11Q6）

第三节　社区科普工作现存问题的原因探析

城市社区所面对的各类问题与挑战，经过项目组的调研发现重点存在四个层面原因：思想意识层面、组织体制层面、工作机制层面、制度政策层面。

一、思想意识层面

（一）工作创新思想意识有待强化

创新是社会发展的催化剂。社区科普工作也应该随着时代和社会的进步而不断创新。这里的创新包括科普工作方式和手段创新。

一方面，社区工作人员缺乏科普活动创新以及打造特色品牌的意识。笔者调查的社区，不论是地理位置、社区特点，还是居民情况等都千差万别，但是开展的科普活动却都大同小异。即使是科普日和科技周这样重要的活动，其活动形式也较为单一，活动的组织缺乏创新性和针对性，缺少特色。打造社区活动品牌是一种很好的宣传手段，而且特色品牌活动的推广有利于社区居民长期参与其中，形成科普习惯，有利于增加社区居民的知识储备，也有利于其科学精神的养成和活动参与积极性的培养。社区科普活动创新性不足，科普活动只为追求一时的轰动效应，而缺乏清晰的定位，缺少推广的价值，缺少长久生命力等也是社区科普工作存在问题的原因之一。

另一方面，在如何具有创新性地连接资源，充分发掘社区科普工作能依托的资源方面，社区工作人员思想意识层面缺乏主动性、创造性、创新性。社区人员基于多种顾虑，也没能主动发掘资源，具有创造性地做好社区科普工作。访谈中一位社区书记在谈到经费时候曾这样说：

“最重要的还是加大资金投入。社区每次开展活动，我们工作人员首先考虑的因素就是资金允不允许，现有资金严重制约了我们开展活动的次数。有时，我们工作人员为了更好地开展活动甚至还自掏腰包。”（N8Q5）

在项目组调研人员追问是否主动依靠创新途径筹措经费时，该人员表达了极大的为难情绪，强调工作任务较多，连接商户支持科普工作会存在较大责任风险。从该角度看，社区人员在面对困境时工作创新意识不强。

（二）基层科普工作人员工作动力有待提升

社区管理是城市社会管理的重要基础，社区日常工作（包括科普工作）的开展与社区公共服务的提供都依赖于社区工作人员。社区工作人员的工作状态决定着日常工作的效率与提供服务的质量。从总体来看，社区工作人员的工作状态在逐步提高，但是社区的一些工作人员依然工作动力不足。在调研中发现，多种因素影响着社区工作人员的工作动力，导致社区工作人员出现工作积极性不高、工作效率低下等问题。而这些问题直接影响到了社区科普工作的效果。

结合实际访谈的结果，社区工作人员工作动力不足的主要表现如下：首先，社区工作人员缺乏工作积极性。受访者普遍反映社区责大权小，事多且繁；认为做多做少薪水待遇无差异，从而导致工作人员在工作中普遍抱有“多一事不如少一事”“工作能拖则拖”的态度。同时在调研中发现，工作人员对工资低的抱怨声较大，其中一位受访者说：“我们做的事情最多，但是拿的工资最低，待遇最差。”另外，社区工作人员的升迁途径模糊不清。因此，这些问题导致社区工作人员普遍缺乏工作积极性。其次，社区工作人员缺乏主动服务意识。在访谈中发现，受访者普遍反映“社区工作多，没有时间与居民进行沟通，无法及时了解居民需求”。当有困难的居民把困难反映到社区时，工作人员才根据社区的职责与权限来协助居民解决困难。而在受访者中鲜有发现工作人员积极主动去了解居民的现状并主动提供服务。同时工作人员的考核结果一般不会影响到工作人员的薪水待遇。因此，这些问题大大挫伤了社区工作人员的工作动力。

二、组织体制层面

（一）主管部门决策体制有待健全

全民的科普教育是一项持久、庞大的综合性社会工程，仅凭一时的工作热情和部分人的努力是难以取得良好效果的。这项综合性的工程涵盖了多方面，包括正确的科学知识、系统的普及方法、有效的人力支撑、稳定的物质基础和强大的政策保障等多个环节。完善的各级政府部门科学的科普工作体制是保证科普工作顺利进行的前提，在调研中发现该体制并不健全。

其一，在管理体制中，财政权力与人事权力受雇于街道、民政部门，配合市委市政府的社区工作以行政为指挥棒，大力配合行政工作的开展，而无力进行诸如科普服务类其他事务的活动。在访谈中有工作人员反映：

“最缺的就是资金的支持，没有钱什么都做不了。还有人力物力都跟不上，大家都不了解这些，没有一个专业的科普人员，我们也只是自己摸索着做。而且人手也不够，这工作人员本来就很少，日常的行政工作做起来非常吃力，更不可能有专门做科普的人员。”（N12Q1）

其二，科普活动相关的对口管理政府部门——科技、教育、传媒、文化等各科普相关领域之间还没有形成相互协调的组织体系，部门分割，力量分散，工作重叠，组织体系的不完善等导致社区科普工作缺乏效率，也导致社区科普活动缺乏丰富性。

基于以上两点，基层体制因素是导致城市社区科普工作中出现诸多问题的原因之一。

（二）社会力量对社区科普工作的承载度低

近年来，社会组织的兴起和壮大是社会发展源源不断的动力，也是社区自治最重要的体现。有效引入社会组织参与社区科学普及，可以为社区科学普及注入活力，进而提升居民的参与意识。当前，参与社区治理的社会组织包括三大典型类型：社工类社区服务型正式性社会组织、具有科普特性的事业单位、社区自组织。然而，在调研过程中发现这三类社会组织在社区科普工作之中未能完全投入并发挥功能作用，社会力量在工作中的承载度低。

首先，专业社工类的社会组织在被调研的社区中并不常见。在走访的社区中，有一些社区提到曾经进驻过一些居家养老试点项目的社工机构，当时是由地方政府试点购买。在进驻期间，与居家养老相关的卫生医疗科普工作效果良好。

“那是肯定的。社区科普工作机构作为专业的机构，掌握了国内外社区科普最前沿、最先进的消息，不仅能为我们提供专业帮助，还能为我们提供最新消息，还可以借鉴其他开展社区科普活动取得成功的社区的经验。”（N9Q3）

但因为是年度试点项目，社工机构随后的撤出也直接导致后续科普工作无力持续推进，未能延续前期的良好效果。社工社会组织局限于政府项目购买的指挥棒、自身建设资源匮乏等因素，在社区科普方面发挥的作用明显缺乏稳定性。本应当在社区科普中发挥重要作用的主体，也就未能有充分的发挥作用。

其次，具有科普特性的事业单位，这些主体包括各类学校、医疗机构、博物馆、图书馆等。在走访调研中发现，有部分社区会与这些事业单位联合开展科普活动，但存在的典型困难与问题就是，一方面邀请这些单位专家来进行活动的基本费用支出问题无法解决；另一方面与事业单位沟通协调机制并不顺畅，大多数需要社区人员付出时间成本与个人人脉关系成本去沟通才能成功。有鉴于此，社区工作人员在与事业单位合作方面动力并不强，也就导致社区科普该领域被支持的力度弱。

最后，社区科普类自组织应当是社区科普工作社会力量的主力军。在走访中了解到，社区自组织类型当前比较多见的是歌唱队、书法队、乒乓球队这些以娱乐为主体的自组织。

“他们自己管理自己，也更能深入居民当中，更了解居民们的需求。我们虽然没有有关科普的自组织，但是我们社区有些居民自发组织的协会，比如乒乓球协会，大家因为兴趣爱好聚集到一起成立一个自组织，成员就是社区内的乒乓球爱好者，大家在一起既能沟通娱乐，又能解决一些问题，也给社区工作减轻了工作压力，大家双赢的局面，何乐而不为。”（N10Q3）

在访谈中也能认知到社区对于自组织的功能是有较深了解的，科普类社区自组织具有其特点。一方面，需要具有科普方面专业技能的社区志愿者来提供科普服务；另一方面，要由自组织积极骨干推动日常活动开展。而这两方面工作都需要居委会人员全力推动，对自组织进行孵化与培育。现实中的社区人员很难从时间成本、精力成本、资金成本上来进行保证，故此社区科普类自组织在社区中发展并不多，这也导致了该支社会力量在社区科普活动中的缺失。

（三）市场企业组织力量社区科普参与度不够

企业组织是重要社会力量，但目前在市场不完善的情况下，企业组织对社区科普活动的参与度不够。

首先，市场企业组织自身对社会责任的承担意识不强，尤其是与科学技术有关的一些科技类企业的公益心不足，导致这类本该在社区科普中发挥重大作用的主体并未能有效作为。

其次，政府对企业组织的引导还不够，相关的政策支持、制度支持与财政支持不足。

最后，科协与企业之间体系方面的障碍也影响到企业通过科协渠道参与城市社区科普工作。科协组织在企业的有效覆盖不足，在企业组织里建立科协难度大，科协纳入企业会员的难度也大。已存在的企业科协大都规模偏小、方式方法陈旧落后，难以形成系列和广泛的社会影响，对企业科技工作者的吸引力不强，参与率也不高。由于职责定位不够清晰，缺少独特定位和工作抓手，组织服务体系不够完善，工作力量分散，联动和跨企业交流的机制不顺，企业科协大多活力不足，在企业内部部门体系中的地位影响普遍较弱。很多企业科协与外部创新资源缺乏有效联系手段，整合资源、利用资源的意识不够。社区希望通过企业科协渠道进行城市社区科普工作的愿景就难以实现。

三、工作机制层面

（一）人员激励机制效果不佳

首先，缺乏科普工作的激励机制。地方政府对科普工作物质支持力度太弱，导致科普专款严重不足。对社区科普工作人员的待遇与福利一视同仁，即使对科普效果优异的社区和员工也基本无奖励政策，久而久之导致在社区科普一线的工作人员缺乏工作热情。而工作人员的懈怠则直接造成公民对科普活动评价低、兴趣弱的局面。

另外，政府的“垄断”方法导致社会的惯性思维认为，科普工作的开展仅仅是政府和科协的责任，与其他组织和个人无关。虽然政府也认识到这种做法的失效，号召学校、研究机构和其他组织的工作人员在完成日常工作后积极参与社区科普活动，但等到的反应却微乎其微。根本原因之一就在于缺乏政策性激励机制的引导。优秀的激励机制可以通过物质和精神两方面奖励科普成绩优异的群体和个人，并将其纳入各项评估的考察范围，来极大地提升科普工作人员动力。

（二）工作评估机制存在缺失

在调研中也发现科普工作一直都处于“自主”实施状态，而缺乏对绩效评估工作的重视，城市科普工作的评估机制不健全。这一现象也影响着城市社区科普教育活动的进行。对于市民是否真正获益，市民是否满意当前活动等信息，部分社区科普工作者重点追求工作的数量并非质量。另外，在市民及相关人士眼中，科普工作的好坏仅仅依赖于社区科普工作者的责任心，却忽略科普工作的质量和效率，由此必然导致城市社区科普活动中的诸多问题。

（三）资源筹措机制较为匮乏

依据调研结果，相关资源配置在B市不同社区也极度不平衡，普遍而言缺乏资金、物质资源，与此问题相关联的原因是各类经费筹措机制的匮乏，资源筹措渠道单一。

一方面，政府财政对科普工作的投入不足，无论是人均科普专项经费还是科普经费占科技投入的比例都不高。有的县、区科普经费没有按照要求纳入同级财政预算并达到人均0.5元的标准，仅能够满足日常需要，难以开展工作。

另一方面，科普经费来源单一，主要依靠政府投入，而企事业、社团、公益组织及个人的多元化、多渠道、多方位的为科普工作进行资源筹措的渠道还没有真正建立起来。科学普及属于社会公益事业，具有投资高、回收慢的特点，社会资金不愿涉足。科普的社会资源支持资金不足，社会捐款少，社会力量没有成为科普资金来源。我国的社团组织受法律限制，成规模者很少，加重了科普资源的薄弱现状。同时，体制、制度、技术方面还存在诸多壁垒，导致科普工作很难有效开展。单靠政府资金支持难以维持良好运行环境，难以实现科普步伐大跨越。

四、制度政策层面

当前，社区科学普及相关的政策法规无法满足实际需求。一方面， 各级党政领导对社区科学普及工作的重视有待加强，社区科学普及项目的相关法律法规和监督管理机制尚待完善，要依法依规保证政府购买服务资金和社会捐赠、赞助等资金使用的透明公开，促进政府与公众之间建立良好的互动互信机制建立。另一方面，社区治理的法治化水平不高，缺乏法治思维和法治方式创新，无法为社区开展科学普及工作创造良好的环境和条件。一些政策法规没有和社区中出现的新问题和新矛盾相对应，制定法规时很多问题没有浮现，这些法规也很宽泛、权责不清，社区治理实际过程中因此而矛盾层出。在培育科学普及组织方面，相关法律法规尚未及时调整，科普事业的共建共享需要社会组织对科学普及事务的参与，需要制度先行。

第五章　城市社区科普履职能力提升的政策建议

依据本次深入社区的问卷调查和访谈结果，课题组初步了解了城市社区科普履职中的突出问题，在集体讨论的基础上总结了问题产生的直接和深层次原因。为有效解决这些问题，调研小组以社区科普履职的关键性四大类主体为中心来进行政策建议。按照以上的标准，就现阶段H省城市社区科普中的问题，从履职能力提升的角度提供以下四个层面的政策建议。

第一节　政府部门主导推动层面

一、明确城市社区两委权责，减负聚焦社区科普工作

建议地方政府社区主管部门以“办法”“意见”的形式公开颁布社区两委的权责，用规范的制度规定来减轻现在居委会工作负担过重、角色错位的情况，从而实现社区行政减负，这样社区才有可能“釜底抽薪”，将精力专注在社区科普这样一些社会服务之上。应当明确以下内容：

第一，明确社区工作的指导精神。社区居委会应当回归社区自治角色，其不是行政机关也不应承担过多行政类或准行政类工作。居委会工作应当有着明确的范围，“有所为、有所不为”。政府要切实保障基层群众自治权利，切实减轻基层群众自治组织工作的负担。

第二，明确社区居委会自治角色范围内主要的工作内容。居民自治团体的专属职责应当包括：组织社区义工，开展社区服务，美化社区环境，发展社区教育、体育、卫生、文化等，如表 5-1 所示。

表 5-1　基层群众自治组织依法履行职责事项

分类	序号	协助工作事项	法律法规规章依据
公安	1	维护社会治安、未成年人保护、禁毒防范和社区戒毒、协助查处赌博、暂住人口管理、租赁房屋的安全防范和治安管理	《村委会组织法》第二条，《城市居民委员会组织法》第三条，《预防未成年人犯罪法》第二十七条，《未成年人保护法》第四十八条，《H 省实施〈中华人民共和国未成年人保护法〉办法》第四条、第十六条，《禁毒法》第十七条、第三十四条，《H 省禁止赌博条例》第五条，《H 省暂住人口治安管理办法》第四条、第五条，公安部令《租赁房屋治安管理规定》第四条
	2	养犬管理	《B 市养犬管理办法》第六条
	3	开展消防宣传教育、群众性消防工作	《消防法》第六条、第三十二条、第四十一条
交通运输	4	农村公路的建设、养护和管理	《H 省农村公路养护管理办法》第六条、第十九条
	5	建立健全行政村和船主的船舶安全责任制	国务院令《内河交通安全管理条例》第五条
人口与计划生育	6	计划生育工作和流动人口婚育登记、查验等	《城市居民委员会组织法》第三条，《人口与计划生育法》第十二条，国务院令《流动人口计划生育工作条例》第八条、第十四条，《H 省人口与计划生育条例》第六条，《H省流动人口计划生育管理办法》第七条、第九条、第十五条
	7	社会抚养费征收	国务院令《社会抚养费征收管理办法》第十二条，《H 省人口与计划生育条例》第四十六条

续表 5-1

分类	序号	协助工作事项	法律法规规章依据
民政	8	优抚救济、农村五保供养、居民最低生活保障和城乡社会救助工作	《城市居民委员会组织法》第三条， 国务院令《农村五保供养工作条例》第三条， 国务院令《城市居民最低生活保障条例》第四条， 《H省人民政府关于建立健全城乡社会救助体系的意见（冀政〔2005〕44号2005年5月24日）》， 《中华人民共和国残疾人保障法》第四十七条， H省实施《中华人民共和国残疾人保障法》办法第七条
	9	出具收养证明	民政部令《中国公民收养子女登记办法》第五条、第六条
	10	出具婚姻状况证明	《婚姻登记工作暂行规范》第五十七条
	11	反映老年人要求，维护老年人合法权益，为老年人服务	《中华人民共和国老年人权益保障法》第六条
国土资源	12	基本农田保护、土地调查	国务院令《基本农田保护条例》第二十七条， 国务院令《土地调查条例》第十条
人力资源和社会保障	13	建立劳动保障服务站，做好社区居民基本保障工作	《残疾人就业和社会保障工作"十一五"实施方案》（劳动和社会保障部、民政部、财政部、中国残疾人联合会〔2006〕22号）， 《关于开展城镇居民基本医疗保险试点的指导意见》（国发〔2007〕20号）， 《关于印发H省完善企业职工基本养老保险制度实施意见的通知》 （冀政〔2006〕67号）第十条
	14	建立劳动争议调解组织	《H省关于建立H省协调劳动关系三方会议制度的通知》
司法	15	对依法被剥夺政治权利的村民、居民进行监督、教育、管理	《村民委员会组织法》第九条， 《城市居民委员会组织法》第十八条， 《社区矫正实施办法》第三条
卫生	16	公共卫生和传染病预防与控制、艾滋病防治、组织居（村）民受种疫苗	《城市居民委员会组织法》第三条， 《传染病防治法》第九条， 国务院令《突发公共卫生事件应急条例》第四十条， 国务院令《艾滋病防治条例》第六条， 国务院令《疫苗流通和预防接种管理条例》第九条

续表 5-1

分类	序号	协助工作事项	法律法规规章依据
统计	17	农业、经济、污染源普查	国务院令《全国农业普查条例》第四条、第九条，国务院令《全国经济普查条例》第四条、第十六条，国务院令《全国污染源普查条例》第十五条，
教育	18	青少年教育，督促适龄儿童、少年入学	《城市居民委员会组织法》第三条，《义务教育法》第十三条
	19	扫除文盲工作	国务院令《扫除文盲工作条例》第三条
安全生产	20	设立安全生产工作小组，开展安全生产活动，落实安全生产措施	《H 省安全生产条例》第三十九条，《H 省安全生产违法行为行政处罚规定》第四条、第五条
水利	21	做好抗旱措施落实	国务院令《抗旱条例》第四十二条
农业	22	动物疫情应急处理	国务院令《重大动物疫情应急条例》第三十七条
征兵	23	兵役登记及政审	国务院、中央军委令《征兵工作条例》第十一条、第十四条、第二十条、第二十一条
气象	24	气象灾害防御知识宣传和应急演练	国务院令《气象灾害防御条例》第十七条

第三，明确社区居委会应当协助的工作内容。社区协助之事应当“权随责走，费随事转”。明确基层政府延伸至基层群众自治组织工作事项的具体内容、工作目标。按照“权随责走，费随事转”的原则，基层群众自治组织协助政府工作事项试行委托管理。结合这次调研的内容，我们拟出的协助工作内容应当如表 5-2 所示。

表 5-2　基层群众自治组织协助政府工作事项

分类	序号	协助工作事项	法律法规规章依据
公安	1	维护社会治安、未成年人保护、禁毒防范和社区戒毒、协助查处赌博、暂住人口管理、租赁房屋的安全防范和治安管理	《村委会组织法》第二条，《城市居民委员会组织法》第三条，《预防未成年人犯罪法》第二十七条，《未成年人保护法》第四十八条，《H 省实施〈中华人民共和国未成年人保护法〉办法》第四条、第十六条，《禁毒法》第十七条、第三十四条，《H 省禁止赌博条例》第五条，《H 省暂住人口治安管理办法》第四条、第五条，公安部令《租赁房屋治安管理规定》第四条

续表 5-2

分类	序号	协助工作事项	法律法规规章依据
公安	2	养犬管理	《B 市养犬管理办法》第六条
	3	开展消防宣传教育、群众性消防工作	《消防法》第六条、第三十二条、第四十一条
交通运输	4	农村公路的建设、养护和管理	《H 省农村公路养护管理办法》第六条、第十九条
	5	建立健全行政村和船主的船舶安全责任制	国务院令《内河交通安全管理条例》第五条
人口与计划生育	6	计划生育工作和流动人口婚育登记、查验等	《城市居民委员会组织法》第三条，《人口与计划生育法》第十二条，国务院令《流动人口计划生育工作条例》第八条、第十四条，《H 省人口与计划生育条例》第六条，《H 省流动人口计划生育管理办法》第七条、第九条、第十五条
	7	社会抚养费征收	国务院令《社会抚养费征收管理办法》第十二条，《H 省人口与计划生育条例》第四十六条
民政	8	优抚救济、农村五保供养、居民最低生活保障和城乡社会救助工作	《城市居民委员会组织法》第三条，国务院令《农村五保供养工作条例》第三条，国务院令《城市居民最低生活保障条例》第四条，《H 省人民政府关于建立健全城乡社会救助体系的意见》（冀政〔2005〕44 号 2005 年 5 月 24 日），《中华人民共和国残疾人保障法》第四十七条，H 省实施《中华人民共和国残疾人保障法》办法第七条
	9	出具收养证明	民政部令《中国公民收养子女登记办法》第五条、第六条
	10	出具婚姻状况证明	《婚姻登记工作暂行规范》第五十七条
	11	反映老年人要求，维护老年人合法权益，为老年人服务	《中华人民共和国老年人权益保障法》第六条
国土资源	12	基本农田保护、土地调查	国务院令《基本农田保护条例》第二十七条，国务院令《土地调查条例》第十条
人力资源和社会保障	13	建立劳动保障服务站，做好社区居民基本保障工作	《残疾人就业和社会保障工作“十一五”实施方案》（劳动和社会保障部、民政部、财政部、中国残疾人联合会〔2006〕22 号），《关于开展城镇居民基本医疗保险试点的指导意见》（国发〔2007〕20 号），《关于印发 H 省完善企业职工基本养老保险制度实施意见的通知》（冀政〔2006〕67 号）第十条

续表 5-2

分类	序号	协助工作事项	法律法规规章依据
人力资源和社会保障	14	建立劳动争议调解组织	《H 省关于建立 H 省协调劳动关系三方会议制度的通知》
司法	15	对依法被剥夺政治权利的村民、居民进行监督、教育、管理	《村民委员会组织法》第九条，《城市居民委员会组织法》第十八条，《社区矫正实施办法》第三条
卫生	16	公共卫生和传染病预防与控制、艾滋病防治、组织居（村）民受种疫苗	《城市居民委员会组织法》第三条，《传染病防治法》第九条，国务院令《突发公共卫生事件应急条例》第四十条，国务院令《艾滋病防治条例》第六条，国务院令《疫苗流通和预防接种管理条例》第九条
统计	17	农业、经济、污染源普查	国务院令《全国农业普查条例》第四条、第九条，国务院令《全国经济普查条例》第四条、第十六条，国务院令《全国污染源普查条例》第十五条
教育	18	青少年教育，督促适龄儿童、少年入学	《城市居民委员会组织法》第三条，《义务教育法》第十三条
	19	扫除文盲工作	国务院令《扫除文盲工作条例》第三条
安全生产	20	设立安全生产工作小组，开展安全生产活动，落实安全生产措施	《H 省安全生产条例》第三十九条，《H 省安全生产违法行为行政处罚规定》第四条、第五条
水利	21	做好抗旱措施落实	国务院令《抗旱条例》第四十二条
农业	22	动物疫情应急处理	国务院令《重大动物疫情应急条例》第三十七条
征兵	23	兵役登记及政审	国务院、中央军委令《征兵工作条例》第十一条、第十四条、第二十条、第二十一条
气象	24	气象灾害防御知识宣传和应急演练	国务院令《气象灾害防御条例》第十七条

第四，实行社区工作“准入制”，除去以上明确规定的主要内容与协助内容外，不再要求社区签订行政责任书。对于未列入公布事项的，不得以行政命令方式要求基层群众自治组织予以协助，社区居委会有权力自主决定是否承担其他工作任务，也有权拒绝协助工作。

二、构建科学社区考核制度，强化科普工作评估激励

建议地方政府主管部门构建科学合理又便于操作的社区工作考核制度。科

学考核制度构建是一个系统的工作，需要结合城市社区所在地的真实情境，在充分调研的基础上进行合理细致的设计。以科普工作考核为例，在建构过程中尤其应当注重以下几个重要问题。

第一，考核范围应当明确集中。应当围绕社区居委会本职范围内的工作，而非协助性的行政工作来设计考核指标。在上文中调研小组明确了社区居委会本职工作的具体范围，这些领域的社区居委会本职工作应当作为年度考核与聘期考核的重要指标。

第二，具体的考核指标应当计量化。以科普工作为例，对该工作社区考核的各项指标应当明确并尽可能计量化。具体而言，需要将社区建设和社区实际工作要求的指标考核体系划分成不同类别，细化为各项指标（其中还应当包括群众对社区测评的指标），并对每项指标的考核标准和分值进行明确。这样才可以对每个社区的具体工作做出定量化的考核。

第三，考核程序需要简单易操作。考核过程中应当体现不同社区（尤其是新旧社区）的差异性。考核的程序应当保持高效性，可以通过上述计量化的考核指标集体汇总来对社区工作进行基本考评。与此同时，必不可少的是需要考量不同社区的差异性。通过准确深入的调研，对各社区的具体情况进行了解，给每个社区的考评赋予一个客观的系数标准（系数的具体操作，需要以课题研究的方式深入展开）。在考评过程中，各个社区最后考核计量分数，就是各项工作的计量分值乘以系数的结果。

第四，考核制度需要形式与实质上的规范化。上级主管单位应当运用文件的方式，明确规定社区工作考核的具体考核范围、量化指标、操作程序、时间周期安排及其奖惩等各项内容。规范化的考核制度，是激励社区工作人员的有效工具。主管部门应当严格考核制度的执行，保证考核过程的公开、公平性。

第五，社区的考核需要排除实际“操作指标”的潜在负面影响。在调研中能够从侧面感受到，上级主管部门在实际考核操作中受到“政绩指标”的影响。这些指标包括：注重社区居委会工作具有“创新活动亮点”，注重“创新社区活动品牌”，注重各项社区活动“数量指标”，注重各级单位部门的检查效果等。但由于社区各自可以依据的资源基础不同，在完成这些实际“指标”的难度上就有着较大的区别性。老旧社区在完成这些指标方面，更是具有无法绕开的劣势。因此，科学的考核体系的构建，要求上级部门主动调整这种“政绩指标”，减少此类指标在实际考核中所形成的印象型的权重，坚持以客观、公正、公开的考核制度来执行对各个社区的考核。

三、创新社区人资培训机制，提升服务人员科普素养

在调研中，可以发现社区工作人员在社区管理中的工作方式方法、专业技能等人力资本的积累，对社区科普工作的效果有着较为显著的影响。因此，在当下，主管政府部门应当着手构建旨在提高社区工作人员人力资本的强化培训机制。从科普履职能力的角度看，建议从下几个方面着手：

第一，构建常态化的科普服务履职等专业知识的培训制度。常态化的培训制度构建应注重以下方面：

首先，培训计划安排不能影响社区的正常工作，时间、地点、人员选择上应当十分细致周密。时间上，应当灵活安排，尽量选择在社区工作相对而言的非业务繁忙期来集中进行；地点上，选取能照顾大多数社区的工作人员方便为宜人员上，建议社区工作人员分批次进行，参与培训的人员在培训前，应当安排好（或者由书记协调好）分内的工作，由相应的人员代为完成。

其次，培训主题应当具体而不宜宏观。每一期的培训围绕一个社工工作或社区管理中的具体工作来进行。培训的内容方面应注重操作性技能的培训和实际工作经验的传授，最佳效果是让社区工作人员能够直接把培训的内容运用在实际工作中。因此，也要求在培训专家选择上，必须尤为慎重，应当聘请实践能力丰富、培训方法灵活、培训效果优秀的专家来进行该项工作。

最后，构建严格的培训考核制度。要想达到优异的培训效果，必须有严格考核制度的配合。培训的考核一方面体现在培训期间，培训专家要有严格的课中和结课的考核环节（考核优秀和不能达到考核要求的人员，应该涉及具体的“奖惩”措施）；另一方面体现在社区工作人员的年度或聘期考核当中，可以把平时培训的专业知识技能的考察融入考核当中。通过以上两方面的措施，激励社区工作人员注重培训环节，主动通过培训提升自己专业技能、社区服务管理知识的储备及实践中运用的能力。

第二，构建常态化的社区科普工作先进经验交流会。先进的工作方式与方法是实践中提高工作效率的有力工具。在调研中我们发现许多社区科普履职效果较好的重要经验，就在于独到的、创新性的社区服务管理方法的运用。政府主管部门应当构建一种经验交流的制度，把这些好的经验及时推广到各个社区。这种交

流会形式的具体安排，可以参照上文中培训制度的构建环节。需要注意的内容：一是介绍经验的人员可以更为广泛，兄弟市区、河北地区甚至全国其他地区的先进经验与方法都可以在交流会上进行介绍；二是主管部门在经验交流会后要及时跟踪这些先进工作方法在各社区的具体落实情况。条件允许的情况下，应当在规范考核中进行检查落实。

四、引导构建多维创新机制，集中解决科普突出问题

（一）推动社区构建科普资金物质资源灵活筹措机制

建议由地方政府牵头推动建构资金物质资源筹措机制：一方面，在地方政府财政允许的前提下，以社区为单位落实直接财政科普专项费用；另一方面，提供政策支持，在一定原则框架之下——确保政治安全、合作互赢，推动社区灵活运用合适的方式与社会组织、企业组织进行联合科普等社区服务类活动，由联合的非社区主体提供科普活动相关的资金、物资支持，用以补充社区资金物质资源的不足。

（二）推动构建科普硬件设施资源共享机制

建议由地方政府牵头推动建构科普场地硬件等资源共享机制，实现城市社区居民与高校、事业单位、各个公共场馆科普相关的场地、设备共享。城市社区所在的区域范围内，通常具有诸多公共科普活动平台资源，如高校科普场馆众多、高校云集。但是，尽管有着丰富的科普资源和条件，区域内社区和社区之间、社区和企业之间以及社区和科技场馆之间的联系却比较贫乏，不能通过资源共享开展科普工作。究其原因，科普场馆大多隶属不同的高校和单位，受众单一，封闭性强，一般只在校内开放，而且开放时间也有限制。这就导致了居民对这些场馆的参观和学习具有一定的局限性，甚至还有不少场馆都不为居民所知晓，这无疑是对辖区内科普资源的浪费。资源的整合和利用率低，致使社区科普工作的开展捉襟见肘，而共享机制的建立正好解决了该弊端。

（三）推动理顺社区科普管理体制

首先，建议地方政府明确社区科普管理体系各层级、各组织部门的权责关系。在市级区级科协专职主管的推动之下，高级别建立城镇社区科普工作领导小组，它作为社区科普工作的重要推动力量，主要负责制订社区科普工作计划、完善社区科普工作制度、指导社区科普组织建设、筹集社区科普工作经费、

集成社区科普资源、完善社区科普条件、指导或组织社区科普活动。社区科普工作领导小组组长一般由社区主要负责人——社区党组织或居委会主要负责同志担任，并明确组长和成员的职责。要督促社区建立科普工作领导小组，完善各项制度，加强与驻区单位的沟通协调，推动驻区单位积极参与社区科普工作。

其次，建议政府以服务项目购买为抓手，推动专业社工机构进驻社区进行专业科普服务工作。应当通过给予政策优惠扶持培育基础良好、有发展潜力的民办社工机构，使民办社工机构成长为专业的社区服务机构。在培育的基础上，政府财政出资向所培育的民办社工机构购买社区服务，为广大社区居民提供科普类服务，达到一举两得的效果。一方面，政府所培育的民办社工机构健康成长，能为市民提供就业岗位，增加居民的就业机会，也使地方财政收入得到增长；另一方面，专业民办社工机构为社区居民提供专业、到位的服务，直接满足社区居民的各类科普需要，使社区居民受益。同时，专业民办社工机构的大量存在，也将直接促进社区服务工作整体水平的提高。

（四）推动解决城市社区资源配置不平衡问题

在调研中发现，不同城市社区的资源配置不平衡现象较为严重。在此背景下，许多老旧社区的社区治理效果不佳，科普工作效果不尽理想，一方面原因与前面提到的各项共性因素有关，另一方面则是与自身社区资源禀赋严重不足有关。例如，许多老旧社区没有物业，由于居委会工作人员的大量精力用于居民物业性质的公共服务工作，他们无精力也没有条件去完成上级单位所要求的社区建设的“亮点工程”或开展社区活动的“数量指标”。因此，这些老旧社区建设的当务之急，可能是上级部门先帮助社区居委会解决这些“老大难”的居民民生问题，让居委会工作人员从这些事务中适当脱身，回归本来应当由他们完成的工作。调研小组认为主管部门可以采取如下步骤：第一步，利用所辖社区的信息渠道优势，广泛收集老旧社区经常需要居委会协调的居民民生服务中的矛盾问题，进行综合汇总；第二步，发挥社区主管单位行政资源沟通优势，协助居委会将这些问题集中向市委领导或主管的行政单位部门领导进行反映，以求近期内解决或部分解决这些问题；第三步，利用媒体等渠道积极反映老旧社区的集中性民生问题，制造解决社区建设问题的良好氛围。

第二节　社区自身职能转变层面

一、创新丰富科普活动形式，强化科普活动针对性

其一，社区工作人员在履职过程中应当强调创新——内容方面创新、形式方面创新。一方面，城市社区科普内容创新。可以涵盖三个方面，即高新技术、环境保护以及科技和社会。高新技术直接关系人们的社会经济生活，在当代社会影响较大，了解高新技术可以帮助居民更好地生活，使其更易于融入发展变化的社会之中；环境保护一直是热点话题，科普内容也要贴近居民实际，我们生存的地球环境直接影响着人类的前途和命运，重视环境保护，才有可能实现真正的可持续发展；科技和社会是紧密联系的，科技是在社会中运行的，同时也对社会有着深刻的影响。科技改变了人们的生活环境，也影响着我们的生活方式、生产方式以及工作方式，公众要关心科技与社会的关系，只有公众树立了正确的"三观"，科学意识提高了，社会才能朝着更加健康文明的方向发展。另一方面，形式创新。在信息技术发展的今天，要将互联网作为科普传播的主要手段。互联网传播所拥有的时效性、互动性、便捷性，势必会助力科普工作的发展。科普方式的创新应体现在体验和互动上，应注重受众的亲身感受。科普游戏和科普旅游就有很好的体验性，可以让受众在娱乐中学习到科学知识，具有很强的趣味性。再如美国的迪士尼乐园、好莱坞环球影城等场馆，都是利用高科技将科学知识融入娱乐之中，从而吸引世界游客的参观。因此，在对科普的形式创新时，科技工作者要更多关注科普活动的互动性和体验性，这样才可以推动科普工作朝着更高层次发展。

其二，不同群体的社区居民对科普内容和形式的需求是不同的。分析社区居民的不同特征，满足不同居民群体的科普需求。根据本次调查结果分析，目前，青少年、老年人成为社区科普的重点参与对象。要了解社区常住居民的组成、文化背景、科普需求等的不同特点，开展有针对性的、社区居民需要和欢迎的科普活动。如根据老年人的生理特征，对老年人较多的社区用传统的宣传方式进行科普，开展与文化娱乐相结合的休闲式科普，通过科普展览、科普咨询、科普游园活动等活动形式，满足老年人科学生活、身心健康、人文关怀等

方面的科普需求。针对青少年的实际和需要，充分利用科普网络、科普活动室、科技馆、青少年科学工作室等青少年校外科技活动资源和设施，组织开展科普培训学习、科普知识讲座等多种形式的课外科学教育活动，从而引导青少年正确使用网络资源，激发青少年对科学技术知识的兴趣，培养其良好的科学态度、科学兴趣和科学价值观。通过满足不同居民群体个性化的社区科普需求，让他们感受到社区科普的实用价值，更多地参与到社区科普活动中去。

二、发掘社区科普活动骨干，引导建立科普自组织

社区治理仅仅依靠社区两委是很难进行的，社区居民骨干力量是社区治理的重要主体。被充分发掘出来的社区骨干可以充分利用其在社区社会资本的影响力，协助居委会进行全面治理工作。这些科普类的社区骨干，主要包括热心科普工作的科学教师、科技人员、科普专家、离退休科技人员、大学生志愿者及具有提供科普服务能力的社区居民。

以社区科普骨干为中心，社区积极成立社区科普协会，主要包括社区科普志愿者协会、科普兴趣小组、科普爱好者协会等社区科普组织，把广大社区居民组织起来，形成街道办事处、社区科普协会、科普兴趣小组、科普志愿者、家庭科普爱好者“五位一体”的社区科普组织体系，从而促进社区科普工作的全面提升。

三、搭建科普资源共享平台，吸纳多主体参与活动

在前期政府构建多维创新机制，特别是各类资源筹措机制的基础上，社区应当主动联系社会各方主体——企业组织、事业单位、志愿团体等，连接科普工作中能够使用的资金、物质、场所等资源进入社区科普共享平台，服务于社区科普工作。在该平台中，力争让各个主体都能够在投入资源之后获得符合其利益的回报。多主体参与社区科普工作，必然会促进科普履职能力的极大提升。

第三节　多元社会力量协同层面

一、社工机构专业主导

社区服务的主体除了政府部门和社区居民外，专业提供社区服务的社会组

织也是社区服务的一个重要提供主体。特别是民办社会服务机构，依托其专业的社工技能，一方面直接提供科普服务，另一方面同样可以利用专业技能连接各类科普资源向社区居民提供社区科普服务，这将是今后我国社区服务发展的趋势。

专业社工机构进入城市社区科普工作领域，一方面可以为社区居民提供专业、到位的科普服务，直接满足社区居民的各类科普需要，使社区居民受益。另一方面，民办社工机构健康成长，能为市民提供就业岗位，增加居民的就业机会，也使地方财政收入得到增长；同时，专业民办社工机构的大量存在，也将直接促进社区服务工作整体水平的提高。

二、事业单位共享合作

事业单位，特别是带有科普公益属性的事业单位应当是城市社区科普的重要主体之一。政府部门与社区组织应当运用机制充分发挥其能够发挥的具体作用。具体而言，一方面，事业单位主体从专业技术、人力资源方面能够给予社区科普工作极大帮助。社区应积极引进学校、科研机构、医疗机构、企业、科技社团、传媒单位、科普场馆、科普教育基地等企事业单位的科技工作者，积极推动社区科普工作开展。社区要善于将事业单位人力资源联系培养为社区的科普意见领袖，为社区居民释疑解惑。另一方面，事业单位天然具有一些科普活动可以依托的场馆与设备资源，社区完全可以利用政府构建协同机制来实现对这些设施设备场馆的运用，促进社区科普工作的开展。

三、企业组织资源支持

市场企业类组织从动力上看在城市社区科普工作中提供各类资源支持有两大种类：一是通过公益性的活动获取广告效应，以扩大企业在社区居民中的影响；二是主动承担社会公益活动，获得社会美誉度，提升企业影响。基于双赢的目标前提，在地方政府给予政策授权的前提下，社区组织完全可以积极与企业组织进行接洽，通过满足对方利益需求，实现企业组织在城市社区科普资源方面的有力支持与补充。

另外，企业科协也是支持城市社区科普的重要力量。政府应加强对企业组织的引导，运用相关政策促进科协组织在企业的有效覆盖，促使企业科技工作者加入企业科协。企业科协也可以通过清晰职责定位，完善组织服务体系，建立联动和跨企业交流的机制来增强活力，增强在企业内部部门体系中的地位影响。强大后的企业科协可以与社区联合整合资源，支持社区科普工作。

四、城市社区居民科普内生动力激发层面

城市社区科普职能履行的终极目标始终是服务居民，满足他们的科普需求，提升他们的科学素养。围绕终极目标的应有之义是所有的政策工作都应当以居民自身内在动力激发为前提。具体而言需要激发社区居民内在的参与热情，使其主动参与社区科普活动，并利用社区的基础设施资源，在社区科普服务站将科普与文艺、体育、传统文化等形式相结合。

所有政策的拟定都应当以此为前提，所有履职主体的行为也应围绕该主题来进行设计。以居委会为例，其在工作中就应当认识到，公众是社区科普的参与者和最终受益者，在社区科普中最有发言权，其应当积极听取社区居民的意见，吸引公众参加。居委会和科普组织必须根据居民的需求组织科普活动，逐渐树立居民在社区科普中的主体地位，通过激发社区居民内在的参与热情，使居民主动参与社区科普服务，提升居民参与度。

第六章　城市社区科普履职能力建设指标体系的建构

在对城市社区科普履职状况进行明确的基础上，项目组了解了相关问题、分析了原因、提出了政策建议，但研究并不局限于此。为指导城市社区科普履职工作，提升履职能力，在总结国内外典型社区科普工作经验及河北调研研究发现的基础上尝试构建了“城市社区科普履职能力建设指标体系”。

第一节　建设指标体系的构建方法与结构框架

一、构建指标体系基本原则

项目组构建体系过程中参考了科学技术部、统计局、财政部等政府部门网站以及与科普相关的公开统计数据资料。为了保证数据的完整性和针对性，本书按照以下原则对 B 市社区有关科普的内容和数据进行收集和整理：第一，科普工作的实施主体是社区；第二，工作内容必须与科普密切相关；第三，工作内容主要包括经费投入、媒介传播、活动开展等形式。

科普工作的实施效果呈现出多样性，为了能对城市社区科普履职工作的实施效果进行科学、客观、有效的评估，首先必须构建一套履职能力建设的综合评价指标体系，使其中的各项评价指标能够客观反映出科普工作的实施效果。

二、构建方法

依据系统论相关观点，社区科普工作同样是一个综合系统的工作，建设内容应当包括一定的结构与层次，其建设指标体系的构建同样应当遵循并体现该特点。指标体系的建构思路，应当包括两个维度。一是从纵向上进行基本结构和层次的划分——构建一级指标。结合我国当前社区科普的具体情况，将影响社区科普能力的五个因素作为一级指标。依据子功能的相互联系性，一级指标之间也就存在不可分割的逻辑关系。二是从横向上把握各层次中的要素及要素之间的关系——构建二级及以下指标。在社区科普能力科学化建设某层次的内容中，应当包括若干要素（更加具体的工作），要素之间也存在规律性的关系。在把握以上两个维度的基础上，借鉴“确定指标体系层次结构”的操作方法——分析法，对社区科普能力指标体系进行构建。所谓分析法，是指把与指标体系相关联的对象和测量目标划分成不同的部分，每个部分形成各自的子系统。分析者需要把这些子系统的详细功能和包含的模块进行细分，直到把每个子系统都能用具体的统计或描述实现出来。

依据分析法要求构建社区科普能力指标体系的基本框架，首先，需要将本书提出的影响因素进行科学的划分，在此基础上进行子系统（一级指标）的细化归类。其次，对每一个子类别进行具体深入的再划分，形成下一级的子系统（二级指标）。最后，再确定更加具体的下一级子系统（三级指标）。

指标体系的运用较多出现在经济学背景的研究中，而且以统计的可量化的指标为重，但项目研究对象为社区科普建设工作，许多问题涉及价值判断，不能运用统计元素进行表述，故此在指标框架中具有价值层面的指标较多。在指标分析过程中，尽可能地做到详细描述、清晰界定。

三、基本结构框架设定

（一）一级指标

建设指标体系框架中第一层次需要廓清一级指标。项目组对社区科普影响因素进行合理分解，得到若干个子功能，在此基础上进行社区科普能力建设的一级指标描述与提炼。根据《中国科普统计 2014 年版》的划分，本书通过从实务界与理论界收集的具体材料对影响社区科普的因素进行了整体的把握，并将影响因素具体分解为如下几个一级指标。

一是社区科普组织建设指标。成立社区科普组织是实现科普工作计划性和组织性的前提条件和保障，该因素的缺失将导致无法进行社区科普。二是社区科普人员队伍建设指标。科学技术是第一生产力，人才资源是第一资源。建立完善的社区科普队伍与科普活动的开展有着直接联系，建立具有较高素质的社区科普队伍无疑是促进社区科普发展的重要人力资源保障。三是社区科普设施设备建设指标。社区科普设施是为社区居民提供科普服务的重要支撑平台，是开展社区科普工作的重要阵地，也是社区公共服务体系和社区科普能力建设的重要组成部分。设施是进行科普的必备因素，该因素的缺失不利于甚至会导致无法完成社区科普的实施。四是社区科普经费指标。先进的社区科普的产生与地区科普大环境密切相关。该因素的缺失不利于甚至会导致无法完成社区科普的实施。五是社区科普传媒指标。科普媒体是进行社区科普的载体，科普载体是科学技术普及过程中的工具，是科普工作者和受众之间的媒介，是一种物质实体。该因素的缺失不利于甚至会导致无法完成社区科普的实施。六是社区科普活动指标。社区科普活动的举办与否直接影响着社区科普能力，该因素的缺失不利于社区科普的实施。

（二）二级及以下指标

二级指标是对一级指标的具体细化与分解，其建立在对一级指标工作的精细化基础上。本书依据一级指标所包括的相关不同的工作因素，进行仔细辨析与讨论，在每个一级指标之下划分出了二级指标。二级指标之间具有天然联系，也相互区分。所有的二级指标也就构成了社区科普能力的二级指标体系。部分建设的二级指标的具体内容还是较为抽象，为进一步将指标之下的工作进行细化，使其可操作，将部分二级指标中的建设内容又进行细分，形成了三级指标、四级指标。

社区科普能力的一级指标、二级指标、三级指标、四级指标综合在一起，共同构成了完整的指标体系。

第二节　社区科普履职能力建设指标体系分析

项目充分考虑社区科普能力建设的各项要素，将社区科普能力的一级指标分为社区科普组织建设指标、社区科普人员队伍建设指标、社区科普设施设备建设指标、社区科普经费指标、社区科普传媒指标、社区科普活动指标，并下设若干个子指标（见表 6-1）。

表 6-1　社区科普履职能力建设指标体系简表

<table>
<tr><th>目标层</th><th>一级指标</th><th>二级指标</th><th>三级指标</th><th>四级指标</th></tr>
<tr><td rowspan="11">社区科普能力建设指标体系</td><td rowspan="8">社区科普组织建设指标</td><td rowspan="5">社区居委会</td><td rowspan="3">是否制订年度科普计划和相关工作制度</td><td>社区是否制订了切实可行的科普社区建设规划和年度计划</td></tr>
<tr><td>社区是否建立了科普工作的管理、会议、检查、评比和表彰等各项制度</td></tr>
<tr><td>社区是否存有完整的科普工作文件、会议记录、工作总结等文书档案</td></tr>
<tr><td>是否多渠道筹集科普经费</td><td>除政府拨款外，社区是否向社会组织、经济组织等其他机构筹集科普经费</td></tr>
<tr><td>是否组织社区科普工作者和志愿者学习交流</td><td>社区是否定期组织开展科普工作者与志愿者的交流活动</td></tr>
<tr><td rowspan="3">社区科普类自组织（包括备案或者非备案）</td><td>是否有社区自组织参与社区科普机制</td><td>社区是否成立与科普相关自组织</td></tr>
<tr><td>社区自发组织参与数量</td><td></td></tr>
<tr><td>是否整合吸纳相关科普人员</td><td>社区是否有专业科普工作者或科普志愿者</td></tr>
<tr><td rowspan="3">社区科普人员队伍建设指标</td><td rowspan="3">社区科普管理人员队伍</td><td rowspan="3">思想与观念</td><td>社区领导是否具有终身学习、终身科普的理念</td></tr>
<tr><td>社区科普工作是否全面贯彻《中华人民共和国科学技术普及法》，方向明确</td></tr>
<tr><td>以《全民科学素质行动规划纲要》为指导，把社区科普发展纳入当地和谐社会建设</td></tr>
</table>

续表 6-1

目标层	一级指标	二级指标	三级指标	四级指标
社区科普能力建设指标体系	社区科普人员队伍建设指标	社区科普管理人员队伍	科普紧密相关人员队伍职责	社区是否成立了科学技术协会（或其他科普机构），社区主要负责人是否兼任该协会（或机构）主要负责人
				社区科学技术协会（或其他科普机构）成员是否包括社区内主要企事业单位代表和居民代表
				社区科学技术协会（或其他科普机构）是否设有岗位分工明确的工作班子，并有专人负责审核社区科技传播内容的科学性和合法性
			是否拥有科普专职人员	在社区安排下是否参加过业务培训
				是否有社会工作者参与
		科普志愿者队伍	是否拥有科普兼职人员	在社区安排下是否参加过业务培训
				是否有社会工作者参与
			是否拥有科普志愿者	志愿者每人每年参加科普志愿服务时长累积不少于 50 小时，是否参加过培训
	社区科普设施设备建设指标	科普设施建设	是否拥有社区科普公共场所	
			是否拥有科普教育场所	
			是否拥有科普活动站、宣传栏（科普画廊）等	
			是否拥有流动科普设施	
			是否拥有社区科普教育培训场所	
	社区科普设施设备建设指标	科普设施保障	思想保障	社区管理者是否认识到社区科普基础设施在社区科普工作中的重要作用
			物质保障	是否具备相应的物质保障
			组织保障	是否设立相应的社区科普组
			人才保障	是否拥有社区科普队伍

续表 6-1

目标层	一级指标	二级指标	三级指标	四级指标
社区科普能力建设指标体系	社区科普经费指标	经费保障	上级财政部门拨付的科普经费是否充足	财政部门是否按时拨付相关经费
			是否可以通过多方渠道筹集科普经费	
			人均每年科普专项经费是否在 0.5 元以上	
		经费使用	是否拥有科普专项经费	
			是否有科技活动经费	
			是否有科普场馆支出	
	社区科普传媒指标	印刷媒介	是否拥有科普图书	
			是否拥有科普期刊	
			是否拥有科普小报	
		电子媒介	是否拥有科普音像制品	
		数字媒介	是否拥有社区科普网站或网页	
社区科普能力建设指标体系	社区科普活动指标	综合活动	社区每年是否结合“科技周”“科普日”等参与或举办大型科普活动	
			社区是否开展有特色的“科教进社区”活动	
			社区是否组织青少年参与科技夏令营	
		展示活动	社区科普画廊内容是否经常更新	
			社区科普宣传栏内容是否经常更新	
		培训活动	社区是否举办科普讲座	
			社区是否举办科普展览	

一、社区科普组织建设指标

按照广义的社区概念，社区科普组织包含县级科协、街道科协、社区科普小组或协会等不同规模和层次级别的科普组织。狭义上的社区科普组织一般是指社区居委会辖区范围内的科普小组或协会。它们一般是在社区居委会领导下组建或由社区居民自发组织。这些协会在区县、街道科协以及居委会的指导下，组织居民开展经常性的社区科普活动。

社区科普工作需要有计划、分步骤、有组织地推进。社区科普组织要制订年度科普计划和相关工作制度、筹集科普活动经费、联系社区居民组织参加科普活动、联络科普专家、添置和维护科普设施、组织社区科普工作者和志愿者的学习交流，通过学校交流活动，提高社区科普志愿者的科学素质和业务知识水平，更好地服务社区居民。

二、社区科普人员队伍建设指标

科普队伍指标主要表现为科普管理人员队伍和科普志愿者队伍。社区科普队伍是从事社区科普的重要人力资源。社区科普工作领导机构在社区党组织、社区居委会的领导下，负责领导、组织、协调本社区科普工作，接受属地科协组织的业务指导。就社区科普管理人员队伍而言，要加强其对科普的认识，以及通过示范、培训等方式强化其科普管理技能，包括社区科普思想与观念、科普相关规划与制度、科普相关机构与岗位、拥有科普专职人员等。

而科普志愿者队伍不同于其他一般的志愿者，需要具备比一般志愿者更为特殊的条件。科普志愿者主要涵盖三类人员：第一类是具备从事科学传播或科学文化传播能力的人员，包括科学工作者、科技教师和相关管理岗位背景的人员；第二类是具备从事技术传播能力的人员，包括技术专家、高技能工人和相关管理岗位背景的人员；第三类是具备科普活动策划或组织能力的人员，包括公关专家、传媒工作者和相关管理岗位背景的人员。对科普志愿者及兼职人员，除要求其每年参加一定时间的科普志愿服务外，相关组织还要为其提供一定时间的培训，以逐步提高其科普服务的质量。

社会组织参与社区科普，社区自组织发起于居民，服务于社区，为其提供必要的阵地资源和资金支持，既是保证活动顺利开展的前提，又是政府的基本职责。

三、社区科普设施设备建设指标

在社区科普能力指标体系中，科普设施指标主要是从科普设施建设和科普设施保障两方面考虑。科普设施是普及科学技术知识过程中提高公众科学文化素质的大型公共科学教育设施，它对促进区域科普事业发展具有重要影响。

社区科普基础设施一般包括以下几类。一是社区科普公共场所。主要是指社区科普活动站（室）、社区科普活动中心等。二是科普教育场所。主要是指依托社区的教学、科研、生产和服务等机构推动将其具有特定科学技术教育、传播和普及功能的场所、设施面向社区居民开放。三是科普“站栏员”。主要是指直接面向社区居民的科普活动站、科普宣传栏（画廊）、科普宣传员等。四是流动科普设施。主要是指进入社区的流动科技馆、科普大篷车、科普宣传车等。五是社区科普教育培训场所。主要是指在社区建立的、没有门槛限制、为社区居民提供所需科学文化知识的社区科普学校（大学）等培训场所或机构。

社区科普设施的有无和完备与否直接关系社区科普工作的格局，因此应对其提供相应保障。

一是思想保障。社区管理者应充分认识到社区科普基础设施在社区科普工作中的重要的作用。社区科普设施是社区科普能力建设的基础性工程，加强社区科普基础设施建设是提升社区科普服务能力的根本要求。

二是物质保障。社区科普基础设施是社区科普工作的有形载体。社区科普宣传栏（画廊）、社区科普活动站（室）、社区科普学校（大学）等基础设施，需要社区自身具备相应物质保障。

三是组织保障。社区科普设施的有无和完备与否，一方面应有科普组织机构支持得以实现，另一方面社区科普设施的常态化运行也需要设立相应的社区科普组织。

四是人才保障。社区科普人才是社区科普工作的第一资源。社区科普基础设施的可持续运营，需要科普队伍不断壮大，社区科普人才服务能力不断提升。

四、社区科普经费指标

社区科普经费指标包括经费保障与经费使用。就科普经费而言，从社区三级网络来看，城区（县）一级的科普经费基本达到了年人均0.5元，在北京、上海和深圳等大城市的一些城区，科普经费已达到了年人均3.0元。从街道（乡镇）一级来看，大多数街道设有专项科普经费，许多街道也能从城区（县）科协得到一些下拨的科普经费，还有一些街道能从驻地单位筹措一些科普经费，但大多科普经费并不充足。而居委会所辖地的社区科普经费就显得更为紧张了，主要靠街道给予的有限科普经费以及自身多方筹措的少量科普经费来维持科普工作。

总之，基层社区经费得不到落实，是社区科普面临的最主要问题之一。

五、社区科普传媒指标

社区科普传媒指标体现在印刷媒介、电子媒介和数字媒介。《科学普及法》第3章第16条规定："综合类报纸、期刊应当开设科普专栏、专版；广播电台、电视台应当开设科普栏目或者转播科普节目；影视生产、发行和放映机构应当加强科普影视作品的制作、发行和放映；书刊出版、发行机构应当扶持科普书刊的出版、发行；综合性互联网站应当开设科普网页。"国家用立法的形式确立了新时期大众传媒科技传播事业发展的基本方向和战略方针，展示了科普传媒的重要性。

图书是大众传媒中传统而重要的组成部分，尽管随着时代特征，人们的生活节奏和文化习惯发生了改变，对图书的需求和消费也发生了较为明显的转变，但这种传统媒介始终在人们的文化生活中占有一席之地。报刊是科普的重要媒体，具有时效性强、普及面广、易于保存等特点，是群众喜闻乐见、既经济又实惠的媒介。而随着电子通信技术的迅猛发展，以网络媒体为代表的新媒体力量迅速崛起，运用新兴科技手段能够吸引更多人的关注。

六、社区科普活动指标

科普活动指标主要有综合活动、展示活动和培训活动。社区科普活动是在社区范围内，有目的地把科技知识、科学思想和科学方法以及融化在其中的科学精神，通过有效的形式、渠道和手段，传播到千家万户，为居民理解、应用并积极参与，是提高居民科学素养的一个基础性环节。对于社区居民来说，科学影响着从健康、饮食到休闲、运动等诸多方面。

社区科普活动形式可以根据社区实际，因地制宜、灵活多样。通过创建优秀科普社区，开办社区科普学校（大学）或科普讲座，开展科普进社区等活动，带动社区科普活动的经常化、群众化，激发广大社区居民参与科普的积极性，满足其对科普的需求，促进公众科学素质的提高。例如社区科普报告是最常见的社区科普活动之一，也是社区居民增长知识、提升科学素质的重要手段。社区科普报告就是社区组织的科学知识普及的报告，是通过集中宣讲，由专业的人员就某项科学知识向社区居民宣传讲解的活动。社区科普展览是社区宣传普及科学技术的重要形式之一。展览以形象展示为主，有图片、实物、模型等的展示和现场的演示，配以文字说明、口头讲解和光盘等音像制品的放映。通过这种内容丰富、形象生动的宣传展览，社区居民在体验互动中感受到科技的魅力，增长科学知识。

第七章　基于创新指标体系的典型城市社区科普履职评价及改革实验

科普工作是转变社区治理理念、提升社区居民治理能力的基础。社区科学普及工作的推广与普及有利于增强社区居民的主动参与意识，提高对本社区的归属感，从而有效提升社区居民这一主体在社区治理现代化过程中的参与程度。同时，随着住房、医疗、养老、就业等社会保障制度的改革和人们生活方式的变化，社区居民在生活服务、居住环境、科普教育、文化娱乐、医疗卫生等方面的需求越来越高。在社区开展科普工作，为居民提供丰富的科技知识，可以营造科学、健康的生活环境，满足居民多样化的科普需求，提高社区居民的生活质量。

“以人民为中心”的社区治理理念反映在社区科普层面，应全面考虑“社区科普履职”与“受众科普满意度”两个方面。进一步来讲，城市社区科普居民满意度是城市社区科普履职情况的“晴雨表”。因此，城市社区科普履职评价及改革实验应以“城市社区科普居民满意度”为重点衡量指标，以此逻辑展开研究具有实践应然性。本课题据此设计调研方案及调研内容，一方面是对上一章“城市社区科普履职能力建设指标体系的建构”内容在实践上的深化和验证，另一方面也是典型城市社区科普履职评价及改革实验的一种途径。

第一节　调研对象与方案设计

本课题组选取B市4个社区——KXY社区、LC社区、XC社区、DCQ社区展开调研。通过对国内外相关理论、文献资料、典型案例的搜集整理，分析、总结现有研究的重点领域、实践的成功经验，形成对本课题研究的指导；以“实施—反馈”的逻辑思路（实施层面参考“城市社区科普履职能力建设指标体系”，反馈层面以“城市社区科普居民满意度”为衡量指标）设计调查问卷及访谈提纲，对社区居民进行走访调研；收集问卷调研数据、整理访谈内容，对于问卷数据的处理本研究采取两种措施：①数据描述性统计分析；②数据定量分析（影响因素显著性水平）。访谈内容的处理本研究主要用于对问卷数据分析的补充。

调查问卷主要包括以下几方面：①城市社区科普居民满意度；②对制订年度科普计划和相关工作制度的了解程度；③对组织社区科普工作者和志愿者学习交流工作的了解程度；④对社区是否成立与科普相关的自组织的了解程度；⑤对社区是否有专业科普工作者或科普志愿者的了解程度；⑥对社区科普管理人员队伍思想与观念的评价；⑦社区科普设施建设是否齐全；⑧对社区科普经费使用情况是否了解；⑨社区科普媒介是否齐全（印刷媒介、电子媒介、数字媒介）；⑩社区科普活动是否丰富（综合活动、展示活动、培训活动）。以上调查问卷的内容涉及社区科普组织建设、社区科普人员队伍建设、社区科普设施设备建设、社区科普传媒、社区科普活动等多项指标。

访谈提纲主要包括以下几方面：①是否了解社区年度科普计划和相关工作制度，本社区在这方面存在哪些问题；②本社区是否定期组织科普工作者和志愿者学习交流，都有哪些方式；③是否了解社区自组织，本社区是否成立与科普相关的自组织；④本社区科普工作者或志愿者业务能力是否专业；⑤社区科普管理人员队伍思想与观念是否端正，与其业务能力相比更加关注哪一个；⑥社区科普设施建设是否齐全，如果感觉不齐全应从哪些方面改进；⑦是否了解社区科普经费使用情况，本社区是否公开此类信息；⑧社区科普媒介是否齐全，如果感觉不齐全应从哪些方面改进；⑨社区科普活动是否丰富，如果感觉不丰富应从哪些方面改进。

课题组选取H省B市KXY社区进行了预调研，发放问卷100份并回收有效问卷98份，有效率为98%，采用Cronbach's alpha系数为检验方法，运用SPSS 20.0统计软件进行问卷可靠性分析。依据可靠性检验结果，问卷数据的Cronbach's alpha系数大于0.700（为0.831），说明问卷涉及的测度指标内部一致性较好，该问卷的信度比较好，可以被接受。正式调研阶段对B市四个社区单元共计发放800份调查问卷并进行回收，剔除遗失问卷及无效问卷，得到有效问卷783份，问卷有效率为97.88%。

第二节　城市社区科普履职评价

一、数据描述性统计分析

（一）城市社区科普居民满意度

调查结果如图7-1所示，只有少部分调研对象对城市社区科普效果持不满意态度，其中选择“非常满意”“比较满意”“一般”的人数占比分别为6.51%、26.56%、48.02%，说明在4个调研区域内，城市社区科普的实施得到了较好的反馈；但是值得注意的是，仍有“不太满意”“非常不满意”的现象存在，占比分别为18.39%、0.51%，虽然占比较小但却不容忽视，在访谈过程中甚至有些村民并不清楚什么是城市社区科普，导致其对于城市社区科普的实施效果持消极态度。

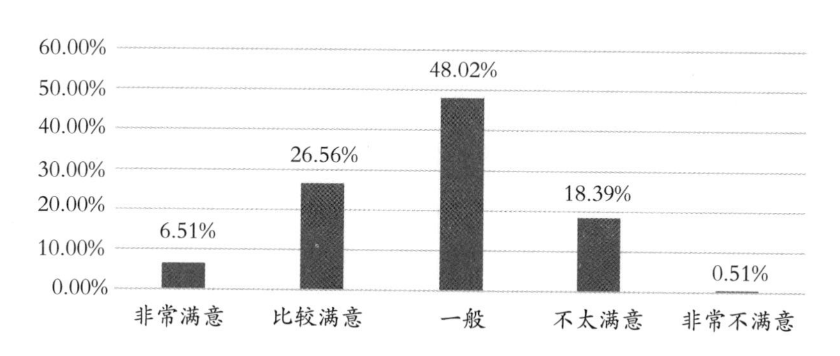

图7-1　城市社区科普居民满意度

（二）居民对制订年度科普计划和相关工作制度的了解程度

调查结果如图 7-2 所示，认为对制订年度科普计划和相关工作制度的了解程度“一般”以及“比较了解”的人数较多，占比分别为 38.70%、38.44%；认为“非常了解”的占比为 11.75%；认为“不太了解”和“非常不了解”的占比分别为 9.83%、1.28%。总体来看，调研对象对于制订年度科普计划和相关工作制度的了解程度是比较高的，认为“非常不了解”的占比极小。在调研中发现有些社区在相关计划或制度的制订过程中会征求居民意见，同时也会将制订完成的工作计划向居民公开。

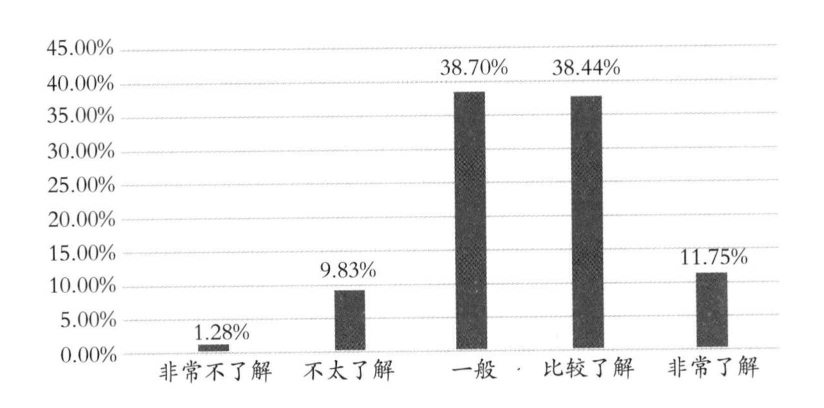

图 7-2 居民对制定年度科普计划和相关工作制度的了解程度

（三）居民对组织社区科普工作者和志愿者学习交流工作的了解程度

调查结果如图 7-3 所示，认为对组织社区科普工作者和志愿者学习交流工作“不太了解”的占比最高（为 33.84%），认为“一般”的占比为 32.06%，认为“非常不了解”的占比为 22.73%，认为“比较了解”的占比为 9.20%，认为“非常了解”的占比为 2.17%。从以上统计结果可见，居民对组织社区科普工作者和志愿者学习交流工作了解较少，在访谈中也印证了这一现象，很多居民表示他们对于科普工作者和志愿者的业务水平及专业能力了解较少，对于社区是否组织科普工作者和志愿者进行交流培训更是不太了解。

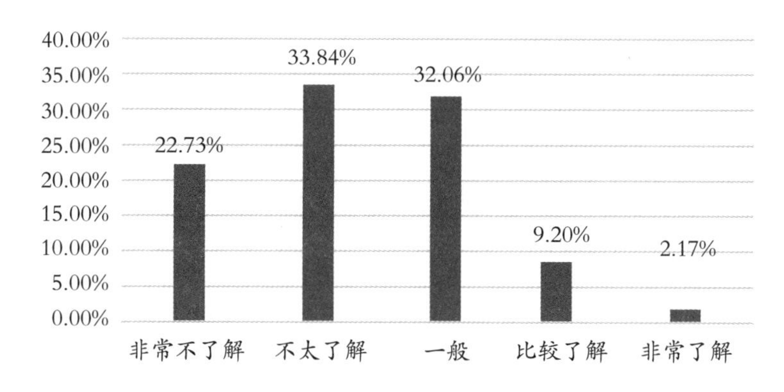

图 7-3　居民对组织社区科普工作者和志愿者学习交流工作的了解程度

（四）居民对社区是否成立与科普相关的自组织的了解程度

调查结果如图 7-4 所示，调研对象对社区是否成立与科普相关的自组织的了解程度普遍较低。选择“不太了解”的人数最多（占比为 40.49%），选择“非常不了解”的占比为 29.12%，选择“一般”的占比为 22.48%，选择“比较了解”的占比为 5.62%，选择“非常了解”的占比为 2.30%。在访谈过程中也印证了这一点，对社区是否成立与科普相关的自组织了解程度偏低的关键原因在于居民对于自组织的概念并没有掌握。但这并不是唯一原因，社区科普工作自组织参与程度不够以及社区科普工作宣传不到位也是关键原因。

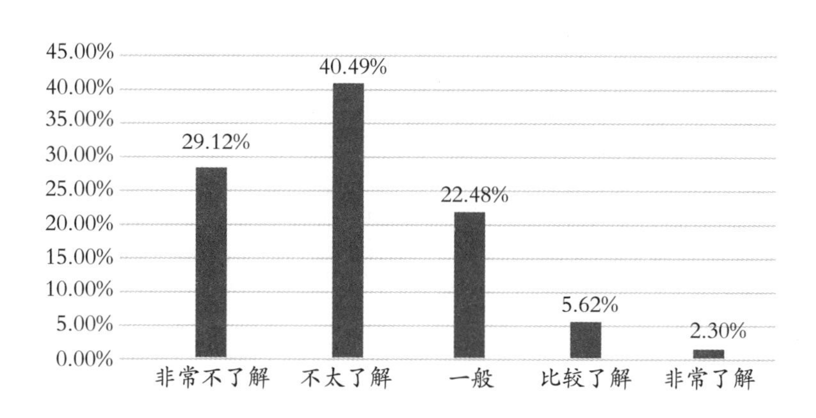

图 7-4　居民对社区是否成立与科普相关的自组织的了解程度

（五）居民对社区是否有专业科普工作者或科普志愿者的了解程度

调查结果如图 7-5 所示，大部分调研对象并不了解社区是否有专业科普工作者或科普志愿者。选择“不太了解”的占比为 38.70%，选择“非常不了解”的占比为 29.50%，选择“一般”的占比为 24.27%，选择“比较了解”和“非常了解”的占比合计为 7.53%。居民对社区是否有专业科普工作者或科普志愿者的了解程度不高的原因是多方面的。一方面与居民对社区是否成立与科普相关的自组织了解程度不高的原因类似；另一方面，在访谈中发现，居民对是否有专业科普工作者或科普志愿者往往并不太关注，自身对于丰富的社区科普内容也并不太了解，大部分居民只关注其中的某几项。

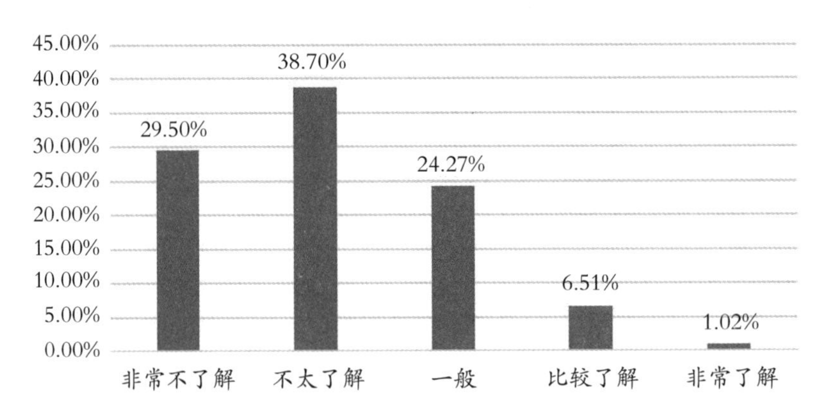

图 7-5　居民对社区是否有专业科普工作者或科普志愿者的了解程度

（六）居民对社区科普管理人员队伍思想与观念的评价

调查结果如图 7-6 所示，4 个调研区域的村居民对社区科普管理人员队伍思想与观念的评价并不高，至少对于调研对象来讲其感受并不强。选择“比较弱”的占比为 48.28%，选择“非常弱”的占比为 27.33%，选择“一般”的占比为 13.03%，选择“比较强”的占比为 9.58%，选择“非常强”的占比为 1.79%。在实地调研及访谈中可以发现，社区居民认为社区科普管理人员队伍思想与观念有些懈怠，主要表现在社区科普工作推进不积极等方面。

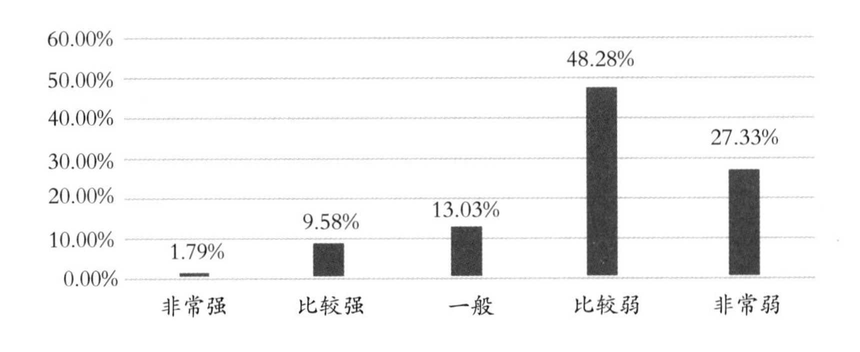

图 7-6　居民对社区科普管理人员队伍思想与观念的评价

（七）社区科普设施建设是否齐全

调查结果如图 7-7 所示，调研对象认为社区科普设施建设较齐全。选择“一般”的人数占比为 34.36%，选择“比较齐全”的人数占比为 27.71%，选择“非常齐全”的人数占比为 21.07%，选择“不太齐全”的人数占比为 12.64%，选择“非常不齐全”的人数占比为 4.21%。在访谈中发现，较多居民认为社区拥有科普公共场所、科普活动站、宣传栏（科普画廊）、宣传员等，但仍有部分居民认为社区科普设施建设不齐全，主要是教育培训场所缺失。

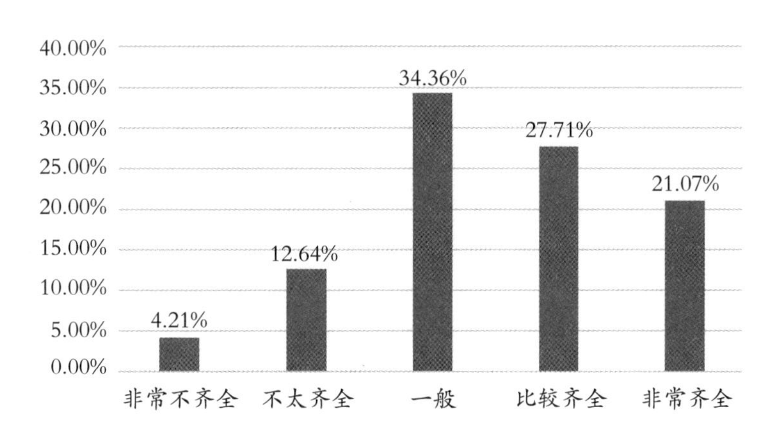

图 7-7　居民对社区科普设施建设是否齐全的评价

（八）居民对社区科普经费使用情况的了解程度

调查结果如图 7-8 所示，对于问及“是否了解社区科普经费使用情况”的问题，选择“不了解”的人数最多（有 783 人），占比为 97.88%，选择“了解”的占比为 2.13%。在访谈的过程中了解到，居民并不关心社区科普经费的使用情况；即使有部分居民对此感兴趣，由于缺乏资金使用公开透明机制，也无渠道获取此类信息。居民对社区科普经费使用情况了解程度不够，易于诱发居民对于社区治理工作的不信任现象，因此多元化筹措社区科普资源，完善社区科普管理机制成为社区科普工作的重点任务。

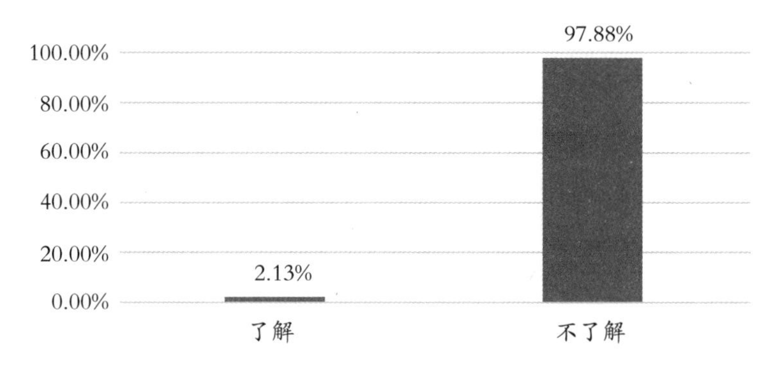

图 7-8 居民对社区科普经费使用情况的了解程度

（九）社区科普媒介是否齐全（印刷媒介、电子媒介、数字媒介）

调查结果如图 7-9 所示，大部分调研对象认为社区科普媒介较齐全。选择“比较齐全”的人数最多（占比为 41.12%），选择“非常齐全”的占比为 29.50%，选择“一般”的占比为 13.41%，选择“不太齐全”的占比为 9.71%，选择“非常不齐全”的占比为 6.26%。在访谈中了解到，大部分居民认为如科普期刊、科普小报、科普音像制品等科普媒介比较齐全；选择“不太齐全”“非常不齐全”的居民主要认为缺乏社区科普网站或网页，因此社区科普建设现代化建设还需加强。

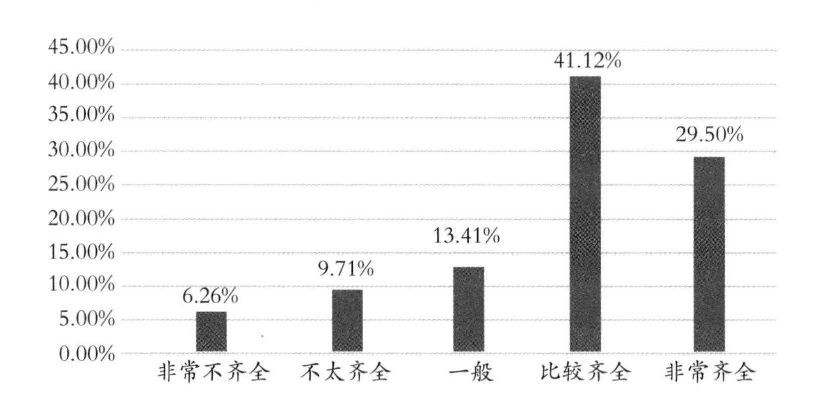

图 7-9 居民对社区科普媒介是否齐全的评价

（十）社区科普活动是否丰富（综合活动、展示活动、培训活动）

调查结果如图 7-10 所示，调研对象认为社区科普活动并不太丰富，选择“不太丰富”的占比为 38.06%，选择“非常不丰富”的占比为 25.93%，选择“一般”的占比为 25.03%，选择“比较丰富”的占比为 8.43%，选择“非常丰富”的占比为 2.55%。在访谈中了解到，居民认为在“科技周”“科普日”等节日中，社区会举办综合类科普活动、展示类科普活动，但是具有特色的科普活动较少、举办科普讲座等培训类科普活动也较少，同时居民认为社区科普活动对于青少年关注的较少。

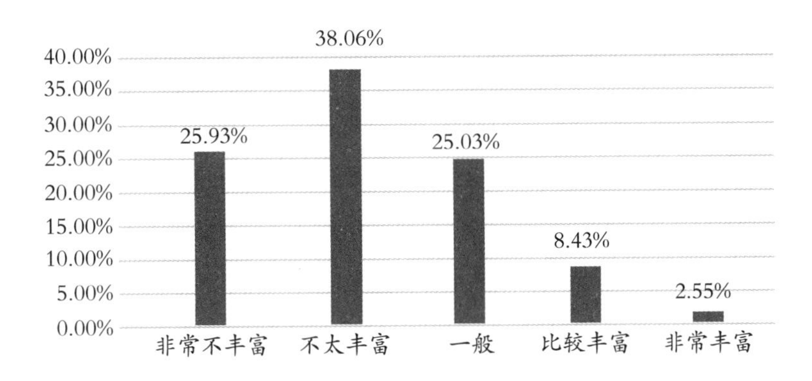

图 7-10　居民对社区科普活动是否丰富的评价

二、数据回归分析

（一）样本解释与变量设置

作为城市社区科普工作的重要参与者以及主要实施对象，本课题以城市社区居民为主要调研对象。调研对象对于城市社区科普工作实施效果的满意度可以全面、直观地反映城市社区科普能力建设情况，因此本课题从“反馈”层面选取“城市社区科普居民满意度”作为被解释变量（因变量），从“实施”层面选取“城市社区科普履职能力建设”作为解释变量（自变量）。“实施”层面包括“制订年度科普计划和相关工作制度”“组织社区科普工作者和志愿者学习交流工作”“社区科普相关的自组织”“专业科普工作者或科普志愿者”“社区科普管理人员队伍思想与观念”“社区科普设施建设”“社区科普经费使用情况”“社区科普媒介”“社区科普活动”9 项指标。变量设置及赋值如下表 7-1。

表 7-1　变量设置与赋值

变量名称	变量赋值
城市社区科普居民满意度（Y）	非常不满意；不太满意；一般；比较满意；非常满意 = 1 ～ 5
城市社区科普履职能力建设（X）	—

续表 7-1

变量名称	变量赋值
制定年度科普计划和相关工作制度（x_1）	非常不了解；不太了解；一般；比较了解；非常了解 = 1 ～ 5
组织社区科普工作者和志愿者学习交流工作（x_2）	非常不了解；不太了解；一般；比较了解；非常了解 = 1 ～ 5
社区科普相关的自组织（x_3）	非常不了解；不太了解；一般；比较了解；非常了解 = 1 ～ 5
专业科普工作者或科普志愿者（x_4）	非常不了解；不太了解；一般；比较了解；非常了解 = 1 ～ 5
社区科普管理人员队伍思想与观念（x_5）	非常弱；比较弱；一般；比较强；非常强 =1 ～ 5
社区科普设施建设（x_6）	非常不齐全；不太齐全；一般；比较齐全；非常齐全 = 1 ～ 5
社区科普经费使用情况（x_7）	是；否 = 1 ～ 2
社区科普媒介（x_8）	非常不齐全；不太齐全；一般；比较齐全；非常齐全 = 1 ～ 5
社区科普活动（x_9）	非常不丰富；不太丰富；一般；比较丰富；非常丰富 = 1 ～ 5

（二）研究方法与模型

1. 数据无量纲化处理

数据无量纲化也称数据标准化，本课题中不同变量之间赋值差别较大，为了消除不同变量指标之间取值范围差异对数据分析结果的影响，需要对数据进行标准化处理，即把数据按照比例进行缩放，使之落入 [0，1] 区间中，便于进行综合分析，数据标准化处理方法主要有离差标准化、标准差标准化等，本课题主要采用离差标准化对原始数据进行线性变换，离差标准化处理公式如下：

$$Y_i = (X_i - X_{min}) / (X_{max} - X_{min})$$

$$Y_i = (X_{max} - X_i) / (X_{max} - X_{min})$$

式中：Y_i 为标准化处理后的结果；X_i 为当前指标值；X_{max} 为指标最大值；X_{min} 为指标最小值。

2. 有序 Probit 模型

本课题建立计量模型对“城市社区科普居民满意度”影响因素进行分析。对于“城市社区科普居民满意度”这一关键被解释变量（因变量），本课题采用问卷中设计的问题（自变量）进行衡量，根据李克特量表（Likert Scale）将“因变量”与“自变量”分为五个层次：“非常不……；不太……；一般；比较……；非常……。”考虑到本课题中因变量为有序多分类变量，不适合采用二元回归；如果采用多分类回归则计算和解读都会过于复杂，而且会浪费数据的序次信息；如果采用一般多元线性回归，则易因为因变量取值范围过窄，不服从正态分布等，违背 OLS 回归假定而使估计有偏和统计检验失效。权衡之下，本课题采取有序 Probit（Order Probit）回归模型分析“城市社区科普居民满意度”影响因素，本课题设定模型公式如下：

通过引入一个不可直接观测的潜在变量 Y^*，Y^* 是实际观测值 Y 背后不可观测的连续变量，建立如下关系：

$$Y^* = X_i\beta + \varepsilon_i \quad i = 1，2，\cdots，N$$

式中：i 为样本序号；β 为参数向量（待求的一组参数）；X_i 为自变量矢量，表示可能影响城市社区科普居民满意度的一组解释变量的观测值；ε_i 为随机误差量。

可观测变量 Y_i 与被解释变量 Y^* 之间的关系如下：

$$Y_i = 1 \text{, if } Y^* \leqslant y_1 \text{; } Y_i = 2 \text{, if } y_1 < Y^* \leqslant y_2 \text{; } Y_i = 3 \text{, if } y_2 < Y^* \leqslant y_3 \text{;}$$

$$Y_i = 4 \text{, if } y_3 < Y^* \leqslant y_4 \text{; } Y_i = 5 \text{, if } Y^* > y_4$$

式中：Y_i 是离散变量，取值为（1，2，3，4，5），表示第 i 个样本关于城市社区科普居民满意度；y_i 是一组新参数，是决定样本组别的分界线，且 $y_1 < y_2 < y_3 < y_4$；Y^* 就被划分为 5 个互不重叠的区间；Y_i 表示某个具体的观察值落到了哪个区间，Y 取到一特定值 j 的概率为：

$$P = (Y_{\mathrm{i}} = j) = P\ (y_{j\text{-}1} \leqslant Y^* < y_j) = P\ (y_{j\text{-}1} - X'_i\beta \leqslant \varepsilon_i < y_j - X'_i\beta)$$

$$= F\ (y_j - X'_i\beta) - F\ (y_{j\text{-}1} - X'_i\beta)$$

式中：F 为 ε_i 的累积分布函数，其中 $1 \leqslant j \leqslant 5$；假设误差项 ε_i 服从标准正态分布，则 F 满足标准正态分布累积函数的条件，有：

$$\varepsilon_i / X_i \sim (0,\delta^2)$$

如果把城市社区科普居民满意度观察值 Y_i 作为被解释变量，建立标准有序 Probit 模型，其对数似然函数为：

$$\text{in}L\sum\ (i = 1\text{^}n)\ \sum\ (j - 1)\ \text{^}j\ Y_{ij}\ \text{in}[\varphi\ (\alpha_{\mathrm{j}} - X'_i\beta) - \varphi\ (\alpha_{j-1} - X'_i\beta)\ ]$$

式中：φ 为标准正态分布的累积函数；通过最大化对数似然函数式，即可估计出有序 Probit 模型中的系数 β 和参数 α_i；估计所得的 β 值就是“城市社区科普居民满意度”影响因素系数。

3. 城市社区科普居民满意度影响因素分析

（1）自变量自相关性检验

首先对自变量进行自相关性检验，检验结果见表 7-2。由表 7-2 可知自变量间相关系数均小于 0.7，说明自变量之间不存在多重共线性，适合进行回归分析。

表 7-2 自变量自相关性检验

(obs=783)									
	x_1	x_2	x_3	x_4	x_5	x_6	x_7	x_8	x_9
x_1	1.0000								
x_2	0.3267	1.0000							
x_3	0.1773	0.0037	1.0000						
x_4	0.0574	0.0833	0.4333	1.0000					
x_5	0.1643	0.1391	0.4312	0.4438	1.0000				
x_6	0.0825	0.0578	0.4479	0.3830	0.6783	1.0000			
x_7	0.0838	0.0436	0.0072	0.0099	0.1129	0.1371	1.0000		
x_8	0.0832	0.0094	0.2040	0.1629	0.1314	0.1500	0.0248	1.0000	
x_9	0.0739	0.0051	0.0748	0.0096	0.0724	0.0481	0.1229	0.0279	1.0000
	Y								
Y	1.0000								

（2）有序 Probit 回归分析

采用 SPSS 20.0 分析软件对数据进行有序 Probit 估计，以“城市社区科普居民满意度”为因变量，纳入“实施”层面 9 项指标进行回归分析，模型 LR 统计量均在 1% 的置信水平下显著，模型拟合程度较好，分析结果如表 7-3 所示。

表 7-3 模型估计结果

自变量	估计系数
Number of ods	783
LR chi2（13）	140.11
Prob > chi2	0
Pseudo R^2	0.16
城市社区科普履职能力建设（X）	
制订年度科普计划和相关工作制度（x_1）	0.26*

续表 7-3

自变量	估计系数
组织社区科普工作者和志愿者学习交流工作（x_2）	0.53
社区科普相关的自组织（x_3）	0.57
专业科普工作者或科普志愿者（x_4）	0.18^{**}
社区科普管理人员队伍思想与观念（x_5）	0.54^{*}
社区科普设施建设（x_6）	0.22^{***}
社区科普经费使用情况（x_7）	-0.81^{***}
社区科普媒介（x_8）	0.18^{**}
社区科普活动（x_9）	0.39^{**}

注：*、**、*** 分别表示变量在 10%、5%、1% 的统计水平上显著。

从全体样本估计结果来看，关于“城市社区科普居民满意度”显著性影响因素分别为：制订年度科普计划和相关工作制度、专业科普工作者或科普志愿者、社区科普管理人员队伍思想与观念、社区科普设施建设、社区科普经费使用情况、社区科普媒介、社区科普活动。其中社区科普经费使用情况呈现负向显著状态；另外，组织社区科普工作者和志愿者学习交流工作、社区科普相关的自组织这两项指标并不显著，但却呈现较强的正向影响效应。

制订年度科普计划和相关工作制度对于满意度的回归系数为 0.26，且在 10% 的统计水平上正向显著，说明城市社区科普工作过程中，居民比较关心科普计划和工作制度的完善与更新，认为这是社区科普管理规范的表现，因此制订年度科普计划和相关工作制度有助于提高城市社区科普居民满意度水平。组织社区科普工作者和志愿者学习交流工作对于满意度的回归系数为 0.53，虽然并不显著但却呈现较强的正向影响效应，说明居民对社区科普工作者关注度并不高，但是仍然认为组织社区科普工作者和志愿者学习交流是一项必要的工作。社区科普相关的自组织对于满意度的回归系数为 0.57，虽然并不显著但同样呈现较强的正向影响效应，不显著的原因在于居民并不太了解什么是社区自组织，在描述性统计分析的过程中印证了这一点，表示“非常了解”和“比较了解”的人数占比为 69.60%，虽然居民对于社区自组织了解较少，但仍认为其对于社区科普工作的展开具有促进作用。专业科普工作者或科普志愿者对于满意度的回归系数为 0.18，且在 5% 的统计水平上正向显著，说明居民对于科普工作者的专业水平有着理想化要求，社区科普工作者的专业水平越高，社区科普工作开展越顺利，居民对社区科普工作的满意度水平越高。但通过前文研究发现“组织社区科普工作者和志愿者学习交流工作”这一项并不显著，可能的原因在于调查问卷题项中，居民对于“专业科普工作者或科普志愿者”的理解更为直观。社区科普管理人员队伍思想与观念对于满意度的回归系数为 0.54，且在 10% 的统计水平上正向显著，说明居民认为社区科普工作者应在思想源头上规范自身科普行为。在访谈中发现，部分居民认为与专业技术水平相比，社区科普工作者的思想与观念更被居民看重。社区科普设施建设对于满意度的回归系数为 0.22，且在 1% 的统计水平上正向显著，说明居民十分看重社区科普设施建设，社区科普设施也是科普活动展开好坏的最为直观的表现，科普公共场所、科普教育场所、科普活动站、宣传栏（科普画廊）、科普教育培训场所等设施的完善能够直接提升居民对社区科普工作的满意度水平。社区科普经费使用情况对于满意度的回归系数为 0.81，且在 1% 的统计水平上负向显著，回归系数大且显著水平高，社区科普经费使用情况的不透明直接拉低了居民对社区科普工作的满意度水平。在访谈中发现，居民对“经费”比较敏感，经费使用去向不明这一刻板印象，降低了居民对社区科普工作的满意度水平。社区科普媒介对于满意度的回归系数为 0.18，且在 5% 的统计水平上正向显著，说明居民对于社区科普知识的传播方式也十分看重，社区科普媒介越多元，居民获取科普知识传播可选择的方式越多。在访谈中发现，居民对于社区科普网站或网页的需求较高，原因在于调研对象存在一部分相对年轻的居民，年龄较大的居民可能更倾向于选择科普期刊、科普小报、科普音响制品等方式。社区科普活动对于满意度的回归系数为 0.39，且在 5% 的统计水平上正向显著，和社区科普媒介类似，社区科普活动越丰富，居民可参加的科普活动选择性越多，居民对社区科普工作的满意度越高。在调研中发现，部分居民认为社区科普活动不够丰富，主要原因在于科普活动大体类似，缺乏特色科教活动、青少年相关活动、科普培训活动等，这也是造成显著性没有到达 1% 置信水平的原因。

第三节　指标体系验证说明

通过以上城市社区科普履职评价过程发现，“社区科普履职能力建设指标体系”可行且效果良好，指标体系的可行性得到了验证，说明如下。

首先，本章节评价指标体系的设计参考了第六章构建的“社区科普履职能力建设指标体系”，涵盖了一级指标体系中社区科普组织建设指标、社区科普人员队伍建设指标、社区科普设施设备建设指标、社区科普经费指标、社区科普传媒指标、社区科普活动指标六大类；其中具体评价指标主要选取的是三、四级指标，如制订年度科普计划和相关工作制度、组织社区科普工作者和志愿者学习交流、是否成立与科普相关自组织、是否有专业科普工作者或科普志愿者等。因此，验证性指标体系具有很好的解释性。

其次，实践调研分析结果与理论分析结果相互印证，当前城市社区科普工作中的典型问题包括：科普活动频次不高，居民参与度有限；科普活动开展的形式与手段不丰富，活动对不同群体适应性不强；社区科普服务相关设施设备配置不平衡现象较为突出；科普工作人员紧缺，专业化科普人才尤为匮乏；工作创新思想意识有待强化、科普工作人员工作动力有待提升等。上述问题在城市社区科普履职评价结果分析中也得到了突出体现。理论与实践的相互印证说明“社区科普履职能力建设指标体系”具有可行性。

最后，需要说明的是，本章节的评价指标体系只是初步尝试，考虑到数据的可获得性及调研对象的理解能力，评价指标体系没有过多细分，虽然能够较好地验证“社区科普履职能力建设指标体系”的可行性，但可能会忽略一些问题，如社区科普组织网络问题、社区科普工作评估、监督机制问题等。本课题只期能够抛砖引玉，望在以后的研究中或各位同行学者的研究中能够继续深化。

第八章　结语

城市社区科普工作是居委会社区服务的一个方面，它是我国基层社会治理中的镜像。在调研中深刻感受到，科普工作能否做好的根本节点还是在社区治理工作能否做好，社区两委履职能否做好。

“社区居委会是居民自我管理、自我教育、自我服务的基层群众性自治组织。政府部门和社区居委会是‘指导与协助、服务与监督’的关系。”我国法律中早就明确社区居委会属于基层群众自治组织，可实际中自治组织的性质是上级政府“强加”给居委会的。从居委会的产生过程来看，它并不是自发成立的，而是国家为了改造社会的需要而有意识地建立的。也正是这种天然与政府的联系，直接导致了居委会行政化倾向明显的特点。这个特点不仅体现在它所做的许多事务（科普履职）是带有行政色彩的，而且体现在居委会自我行政化的色彩浓厚方面。

在调研科普工作过程中，能够明显感觉到工作人员并不愿只简单把自身当成社会自治组织，而是更愿意、更希望自身是一级掌握行政权力的组织，这种自我行政化的意识倾向非常明显。现实中居委会成员所承担的大部分任务都是政府部门的行政事项，而与正式体制内的公务员相比，无论在工资收入还是在福利待遇上，居委会的工作人员都与之有很大的差距。当居委会工作人员抱怨工作负担太重的时候，不仅仅希望为其减负，其实更希望能够提高他们的待遇，甚至纳入政府体制之内。为什么会普遍有这种自我行政化的倾向？究其原因是在于居委会唯一可以依托的资源就在于上级政府赋予的行政权力或资源。现阶段居委会工作的开展（包括科普工作），基本上也只能依靠这些权力与资源，甚至包括从物业公司获取的资源、商业单位合作中获取的资源，都源自上述的权力。

而理想中或者应然状态的居委会权力应当从何而来？应当来源于社区居民的授权。也正是这种居民自治所赋予的权力与资源，才能保证居委会有底气与社会主体（政府、物业、商业组织等）之间进行平等的对话及资源的交换。而在中国现阶段而言，就目前社会组织的发育程度、社区居民的参与度和自治意识来看，要想实现这种应然状态，还有很长的路需要走。当然，帮助社区居委会达到这种应然状态，是政府义不容辞的责任。为履行这份责任，政府应当有着宏观长远的政策规划（当然站在基层政府的角度，这些责任只是愿景，真正实现可能需要宏观国家层面强力推动才能完成）。

为此，调研小组以科普工作调研为切入点，就如何使社区居委会回归应然状态，就政府的长远政策规划提几点方向性的建议。第一，执行落实法律关于政府管理与社区居民自治之间关系的规定。政府指导、支持和帮助社区居民自治组织的工作，居民自治组织协助政府开展工作。二者是平等主体，不存在行政隶属关系，不是领导与被领导、上级对下级的关系。居民自治组织是基层民主自治的制度载体，而不是国家行政机关的体制延伸，它们也不对政府负责，有权自行处理自治范围内的事务，不受政府的干预。第二，以法律方式明确基层政府及其派出机构与社区居民自治组织之间的关系。明确的内容重点应当包括：基层政府及其派出机构对社区居民自治组织指导、支持、帮助的范围和事项到底为哪些？如何进行指导、支持和帮助？群众自治组织协助政府工作的范围和方式是什么？居民自治权利受到侵害时的救济途径有哪些？救济的程序如何？第三，积极构建科学的双向履职评估体系。将原先政府对基层群众自治组织的单向考核变为双向评估，既评估基层群众自治组织依法履职情况，又评估政府部门依法行政情况，做到两项评估有机结合、相互促进，逐步探索建立社会组织参与和接受政府、社会评估的机制。

附录

附录 1　为社区工作者发放的社区科普情况调查问卷

尊敬的女士 / 先生您好：

我们是华北电力大学法政系的研究人员，根据 H 省科学普及课题的需要，现就社区居民对社区科学普及状况的认知程度进行调查，以期为 H 省社区科普活动的有效展开提供一些参考。社区科普具体内容包括：崇尚科学、反对迷信（如宣传栏）；医疗保健、营养膳食（如医疗讲座、义诊）；保护环境、低碳生活（如张贴标语、派发宣传手册）；实用技术、职业技能（如职业讲座）；应急科普、防灾减灾（如疫情期间防控工作）；食品安全、健康生活（如食品安全知识讲座）；青少年科技体验（如组织参观少年宫、科技馆）；自然科学知识（如宣传栏、宣传手册）等。本调查以匿名形式进行，您的回答将处于完全保密状态，请您根据自己及所在社区实际情况填写。希望得到您的配合与支持！谢谢！

华北电力大学法政系

一、社区科普情况

（一）社区科普人员及组织情况

1. 科普工作人员数量：

[A] 1 ～ 10 人　　[B] 10 ～ 20 人

[C] 20 ～ 30 人　　[D] 30 人以上

2. 科普组织形式：

[A] 科普讲师团（服务团、咨询团）

[B] 科普志愿者

[C] 科普宣传栏

[D] 科普屋

[E] 其他（请说明）__________________________

（二）社区科普投入情况

1. 年度经费投入总数：

[A] 1000 元以下　　[B] 1000 ～ 2000 元

[C] 2000 ～ 3000 元　　[D] 3000 元以上

2. 经费是否满足社区科普工作需要？

[A] 完全能满足，还有富余

[B] 基本能够满足，稍有不足

[C] 不能完全满足，但可以开展一定的工作

[D] 差额较大，基本无法开展工作

（三）社区科普工作条件

1. 是否建有科普活动室及数量：

是（　　）_____个　　否（　　）

2. 是否建有科普宣传栏及数量：

是（　　）_____个　　否（　　）

3. 是否有社区科普图书室：

是（　　）_____个　　否（　　）

4. 是否被评为“科普示范社区”，哪个级别

是（　　）______________级别　　否（　　）

5. 是否提供科普信息化手段（如互联网、电视媒体）

是（　　）　否（　　）

（四）社区科普活动概况

1. 社区科普活动主要内容：

[A] 崇尚科学、反对迷信

[B] 医疗保健、营养膳食

[C] 保护环境、低碳生活

[D] 实用技术、职业技能

[E] 应急科普、防灾减灾

[F] 食品安全、健康生活

[G] 青少年科技体验

[H] 自然科学知识

[I] 其他（请说明）________________

2. 有哪些科普工作开展形式：

[A] 科普讲座

[B] 宣传资料发放

[C] 科普展览

[D] 举办互动型科普活动

[E] 科普示范创建

[F] 社区科普大学（学校）

[G] 公共传媒（广播、电视、网络、报刊）

[H] 其他（请说明）________________

3. 每年开展科普活动的数量：

[A] 5 次以下　　[B] 5 ～ 10 次　　[C] 10 次以上

4. 每年举办科普讲座（报告、宣传）的数量：

[A] 5 次以下　　[B] 5 ～ 10 次　　[C] 10 次以上

5. 平均每次科普讲座（报告、宣传）的参加人数：

[A] 20 人以下　　[B] 20 ～ 50 人　　[C] 50 人以上

6. 每年组织青少年科技教育活动（包括科技竞赛、科技冬夏令营、其他主题科技活动）的数量：

[A] 5 次以下　　[B] 5 ～ 10 次　　[C] 10 次以上

7. 平均每次青少年科技教育活动的参加人数：

[A] 20 人以下　　[B] 20 ～ 50 人　　[C] 50 人以上

8. 每年组织科教进社区活动（包括义诊等活动）的数量：

[A] 5 次以下　　[B] 5 ～ 10 次　　[C] 10 次以上

9. 平均每次科教进社区活动的参加人数：

[A] 20 人以下　　[B] 20 ～ 50 人　　[C] 50 人以上

10. 社区获取（收集）科普信息的主要渠道：

[A] 从各种大众媒体获取

[B] 从县级学会、协会、研究会获得

[C] 从县级各职能单位获得

[D] 从上级科协系统获得科普资源包

[E] 其他（请说明）________________

11. 向社区居民提供信息服务的主要方式：

[A] 组织专题科普讲座、培训

[B] 举办科普展览

[C] 利用电视、广播、报刊、网络等公共媒体开办科普专栏

[D] 发放科普资料

[E] 利用科普画廊、板报等科普设施和阵地开展科普宣传

[F] 开办社区科普大学

[G] 组织“科教进社区”活动

[H] 科普沙龙、科普俱乐部、科普文艺等社区科普服务

[I] 其他（请说明）________________

附录 2　为社区居民发放的社区科普情况调查问卷

尊敬的女士 / 先生您好：

我们是华北电力大学法政系的研究人员，根据 H 省科学普及课题的需要，现就社区居民对社区科学普及状况的认知程度进行调查，以期为 H 省社区科普活动的有效展开提供一些参考。社区科普具体内容包括：崇尚科学、反对迷信（如宣传栏）；医疗保健、营养膳食（如医疗讲座、义诊）；保护环境、低碳生活（如张贴标语、派发宣传手册）；实用技术、职业技能（如职业讲座）；应急科普、防灾减灾（如疫情期间防控工作）；食品安全、健康生活（如食品安全知识讲座）；青少年科技体验（如组织参观少年宫、科技馆）；自然科学知识（如宣传栏、宣传手册）等。本调查以匿名形式进行，您的回答将处于完全保密状态，请您根据自己及所在社区实际情况填写。希望得到您的配合与支持！谢谢！

华北电力大学法政系

填写事项：请在选择答案的字母上打"√"，未作说明时请选单项。

一、基本情况

1. 性别：

2. 年龄：

3. 受教育程度：□小学　□初中　□高中（中专）　□大专

□本科　□硕士以上　□其他（请注明）______________

4. 现在从事工作的类型：□学生　□服务人员　□行政人员

□经营管理人员　□一般科研技术人员　□工人　□自由职业

□无业人员（离退休人员、失业待业人员、下岗人员）

□其他（请注明）______________

5. 家庭所在社区：

二、所在社区科普现状调查

1. 您知道所在社区有科学普及的相关活动吗？

[A] 知道　　[B] 不知道

2. 您所在社区有哪些科普设施？（可多选）

[A] 阅览室　　[B] 科普画廊或宣传栏

[C] 实验设备　　[D] 健身器材

[E] 互联网　　[F] 科普活动室

[G] 没有设施

3. 您所在社区组织有哪些科普活动内容？（可多选）

[A] 崇尚科学、反对迷信

[B] 医疗保健、营养膳食

[C] 保护环境、低碳生活

[D] 实用技术、职业技能

[E] 应急科普、防灾减灾

[F] 食品安全、健康生活

[G] 青少年科技体验

[H] 自然科学知识

[I] 其他（请说明）＿＿＿＿＿＿＿＿

4. 过去一年内您参加过几次上述活动？

[A] 没有　　[B] 1 次

[C] 2 次　　[D] 3 次

[E] 4 次及以上

5. 对哪方面的科普知识感兴趣？（可多选）

[A] 生活健康　　[B] 环境保护

[C] 再就业培训　　[D] 公民道德素质建设

[E] 所在企业最新研究成果和动态

[F] 重大科普事件

[G] 青少年科技知识

6. 您认为社区科普开展不利的因素有哪些？（可多选）

[A] 基层政府不够重视，政策、资金投入不够

[B] 科普工作者素质参差不齐

[C] 科普内容及形式比较单一

[D] 社区科普对象不够明确

[E] 社区科普硬件设施不足

[F] 科协、科委组织不力

[G] 社区宣传力度不够

7. 如果要组建社区科普志愿者队伍，您愿意参加吗？

[A] 愿意　　[B] 不愿意

[C] 到时候再说

8. 您希望本社区多提供一些参加科普活动的机会吗？

[A] 非常希望　　[B] 比较希望

[C] 一般希望　　[D] 无所谓

9. 社区科普活动对您的日常生活有帮助吗？

[A] 有过很大帮助　　[B] 没有

[C] 有，但是帮助不大

10. 您希望本社区在科普推广上能在哪方面有所改进？（可多选）

[A] 互联网建设　　[B] 书刊杂志的投资

[C] 多组织科普教育活动　　[D] 多组织培训活动

[E] 提高科普工作人员的素质

11. 您认为开展社区科普活动的时间最好在？

[A] 工作日的早晨　　[B] 工作日的晚上

[C] 工作日的白天　　[D] 休息日的白天

[E] 休息日的晚上

12. 您所在社区的科普现状如何？您对其是否满意？

	您是否满意					
	不知道有没有开展	**非常满意**	**满意**	**基本满意**	**不满意**	**非常不满意**
科普设施、场地建设						
政府的重视程度						
科普工作的管理方面						
科普队伍、志愿者队伍建设及科普人员素质						
实际开展的科普活动（如讲座、培训、宣传等）						

13. 您对以下科普方式的看法如何？

	非常赞同	**赞同**	**无所谓**	**不赞同**	**非常不赞同**
科普活动室					
科普大学、培训学习					
组织参观少年宫、科技馆					
科普知识讲座					
科普咨询					
科普网络（电视、广播、互联网）					
科普展览					
观看科普电影、录像等					
科普宣传手册					
科普画廊、宣传栏					
企业科普进社区					

附录 3　社区工作者访谈提纲

1. 请问我们社区科普日常的工作是如何开展的？（我这边分了几大类，辛苦您分别就组织的形式和过程、取得的成绩简单做介绍，里面遇到的难点或需要帮助的地方可以向我们说明，我们会向省科协反映，给 B 市社区提供力所能及的帮助）社区科普具体内容包括：崇尚科学、反对迷信（如宣传栏），医疗保健、营养膳食（如医疗讲座、义诊），保护环境、低碳生活（如张贴标语、派发宣传手册），实用技术、职业技能（如职业讲座），应急科普、防灾减灾（如疫情期间防控工作），食品安全、健康生活（如食品安全知识讲座），青少年科技体验（如组织参观少年宫、科技馆），自然科学知识（如宣传栏、宣传手册）等。

2. 请问您觉得居民这几类需求在哪些方面比较强烈些？社区是如何知晓的？

3. 您觉得社区自组织在社区科普工作中能否发挥作用？请举例说明。

4. 您觉得社区科普社工机构如果入驻社区会对这项工作的提升有帮助吗？请举例说明。

5. 您觉得社区科普过程中，政府部门相关部门在哪些方面可以帮助社区做好工作？请举例说明。

6. 您还对如何开展好社区科普工作有哪些意见和建议？

附录 4　社区居民调查问卷结果分布

一、基本情况

1. 性别：

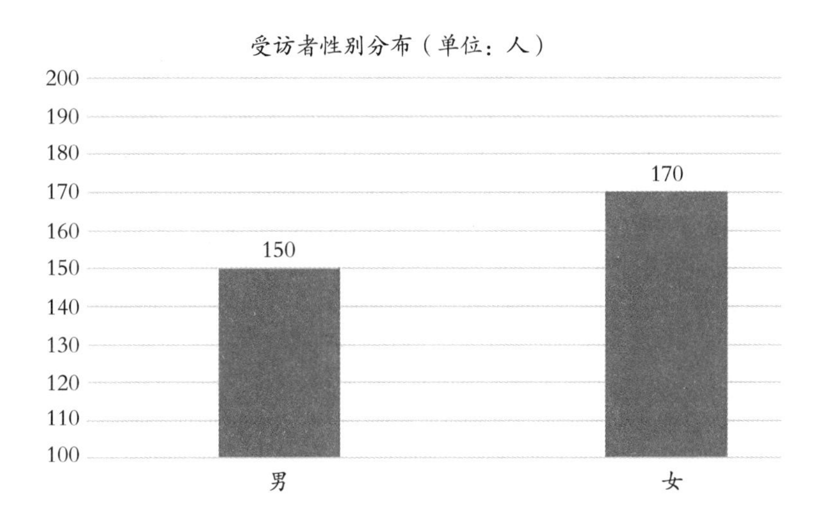

2. 年龄：

变量	样本量	平均值	标准差	最小值	最大值
年龄	320	46.281 25	17.845 64	9	70

3. 受教育程度：

□小学

□初中

□高中（中专）

□大专

□本科

□硕士及以上

□其他（请注明）__________

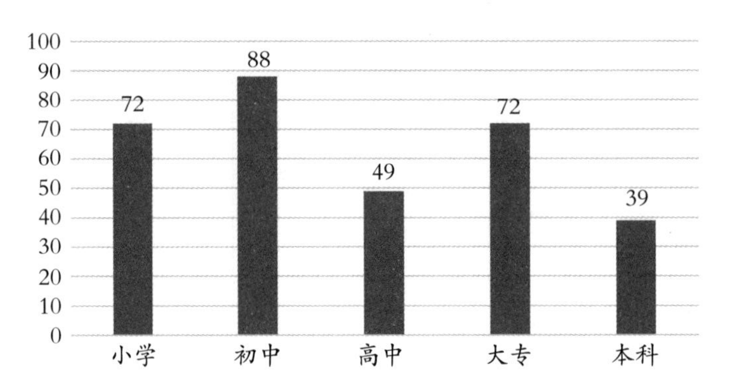

4. 现在从事工作的类型：

□学生

□服务人员

□行政人员

□经营管理人员

□一般科研技术人员

□工人

□自由职业

□无业人员（离退休人员、失业待业人员、下岗人员）

□其他（请注明）______________

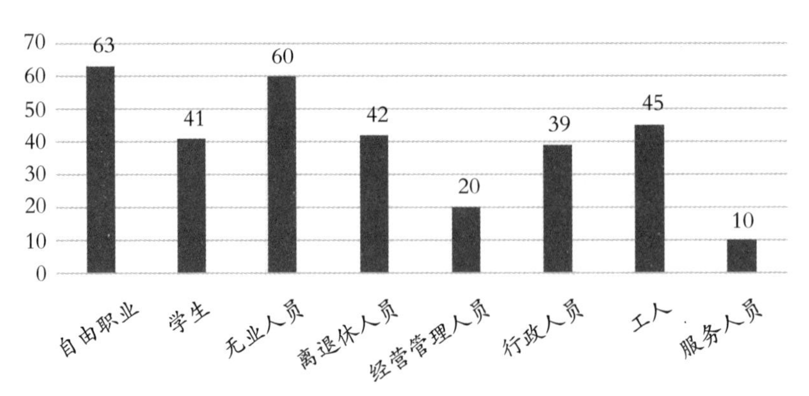

二、所在社区科普现状调查

1. 您所在社区有哪些科普设施？（可多选）

[A] 阅览室　　[B] 科普画廊或宣传栏

[C] 实验设备　　[D] 健身器材

[E] 互联网　　[F] 科普活动室

[G] 没有设施

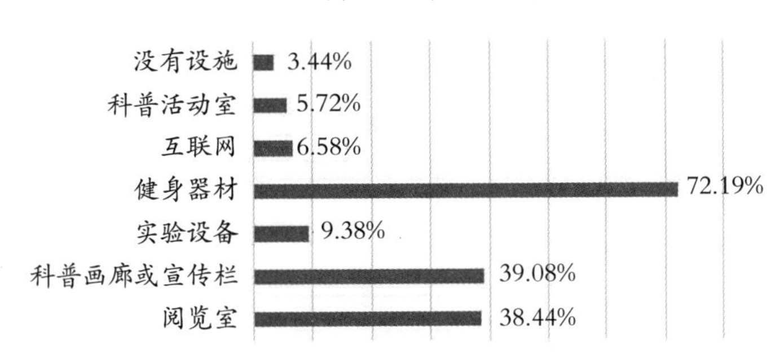

2. 您所在社区组织有哪些科普活动内容？（可多选）

[A] 崇尚科学、反对迷信

[B] 医疗保健、营养膳食

[C] 保护环境、低碳生活

[D] 实用技术、职业技能

[E] 应急科普、防灾减灾

[F] 食品安全、健康生活

[G] 青少年科技体验

[H] 自然科学知识

[I] 其他（请说明）______________

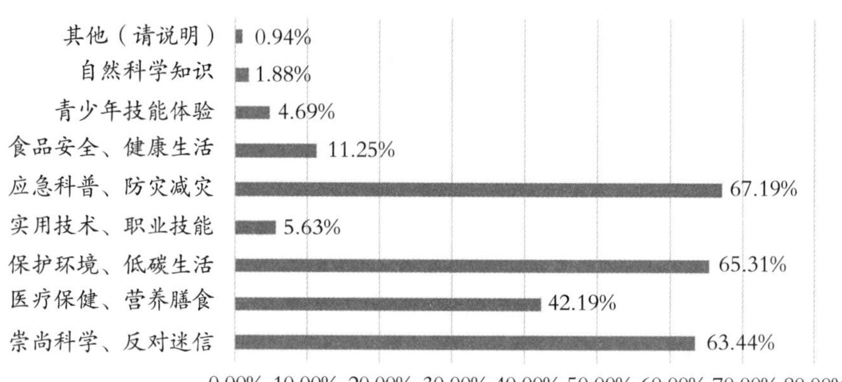

3. 过去一年内您参加过几次上述活动？

[A] 没有

[B] 1 次

[C] 2 次

[D] 3 次

[E] 4 次及以上

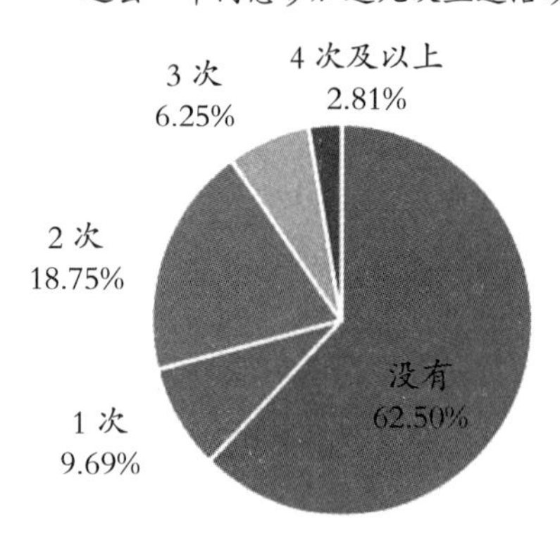

4. 对哪方面的科普知识感兴趣？（可多选）

[A] 生活健康

[B] 环境保护

[C] 再就业培训

[D] 公民道德素质建设

[E] 所在企业最新研究成果和动态

[F] 重大科普事件

[G] 青少年科技知识

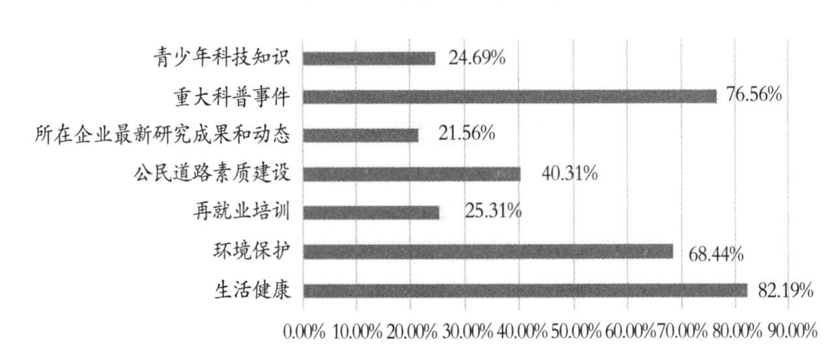

5. 您认为社区科普开展不利的因素有哪些？（可多选）

[A] 基层政府不够重视，政策、资金投入不够

[B] 科普工作者素质参差不齐

[C] 科普内容及形式比较单一

[D] 社区科普对象不够明确

[E] 社区科普硬件设施不足

[F] 科协、科委组织不力

[G] 社区宣传力度不够

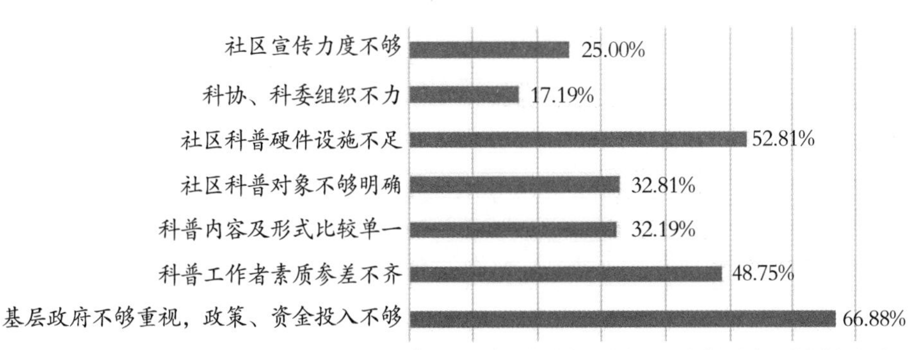

6. 如果要组建社区科普志愿者队伍，您愿意参加吗？

[A] 愿意　　[B] 不愿意　　[C] 到时候再说

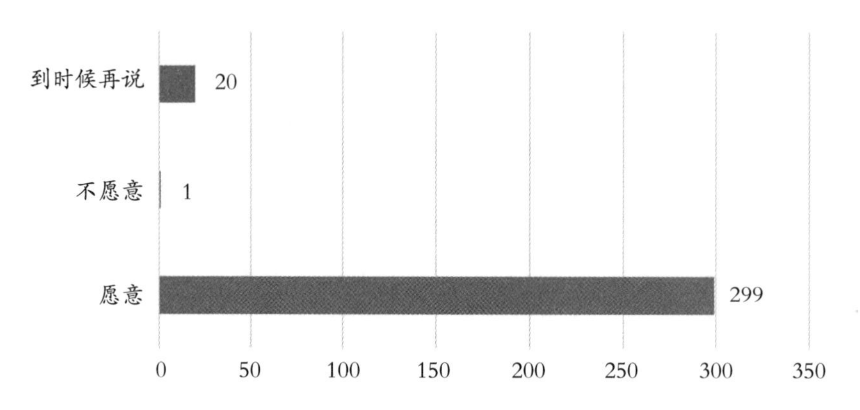

7. 您希望本社区多提供一些参加科普活动的机会吗？

[A] 非常希望　　[B] 比较希望

[C] 一般希望　　[D] 无所谓

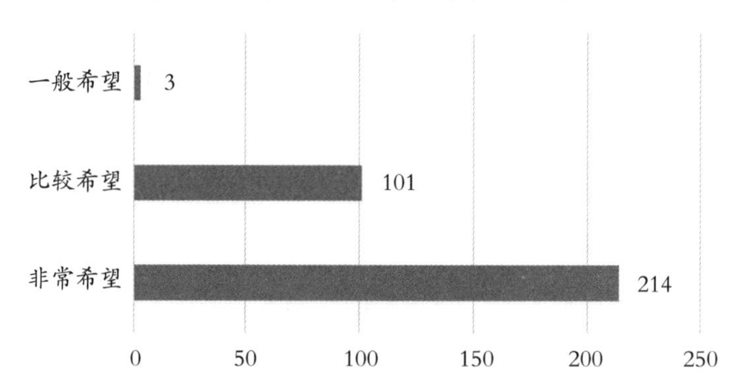

8. 社区科普活动对您的日常生活有帮助吗？

[A] 有过很大帮助　　[B] 没有

[C] 有，但是帮助不大

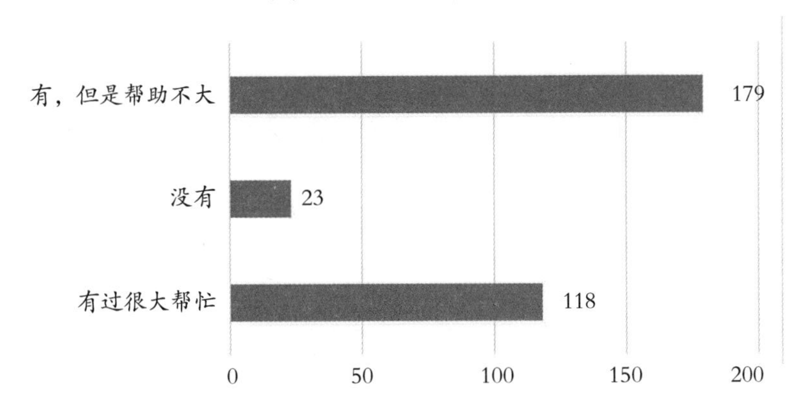

9. 您希望本社区在科普推广上能在哪方面有所改进？（可多选）

[A] 互联网建设　　　　[B] 书刊杂志的投资

[C] 多组织科普教育活动　　[D] 多组织培训活动

[E] 提高科普工作人员的素质

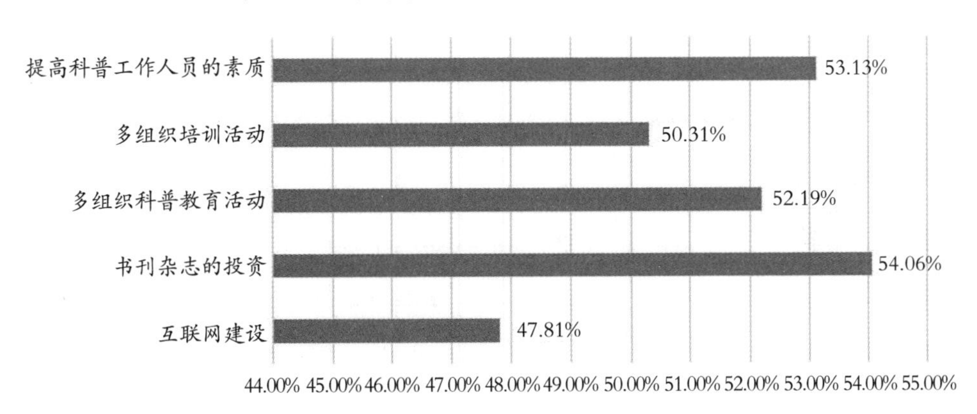

10. 您认为开展社区科普活动的时间最好在？

[A] 工作日的早晨　　　　[B] 工作日的晚上

[C] 工作日的白天　　　　[D] 休息日的白天

[E] 休息日的晚上

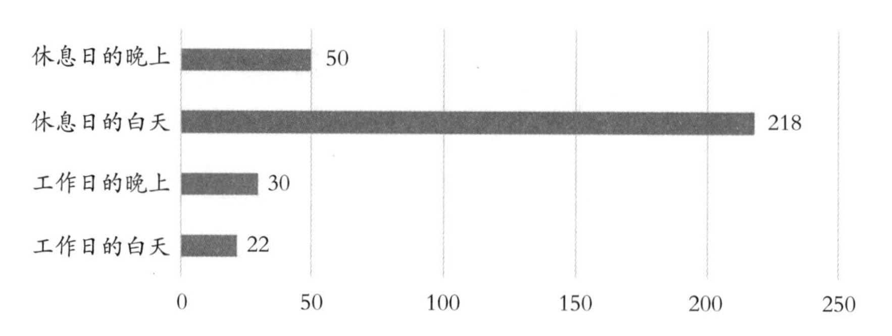

11. 您所在社区的科普现状如何？您对其是否满意？

	您是否满意?					
	不知道有没有开展	非常满意	满意	基本满意	不满意	非常不满意
科普设施、场地建设						
政府的重视程度						
科普工作的管理方面						
科普队伍、支援者队伍建设及科普人员素质						
实际开展的科普活动（如讲座、培训、宣传等）						

附录 5　社区人员调查问卷结果分布

一、社区科普情况

（一）社区科普人员及组织情况

1. 科普工作人员数量：

[A] 1 ～ 10 人

[B] 10 ～ 20 人

[C] 20 ～ 30 人

[D] 30 人以上

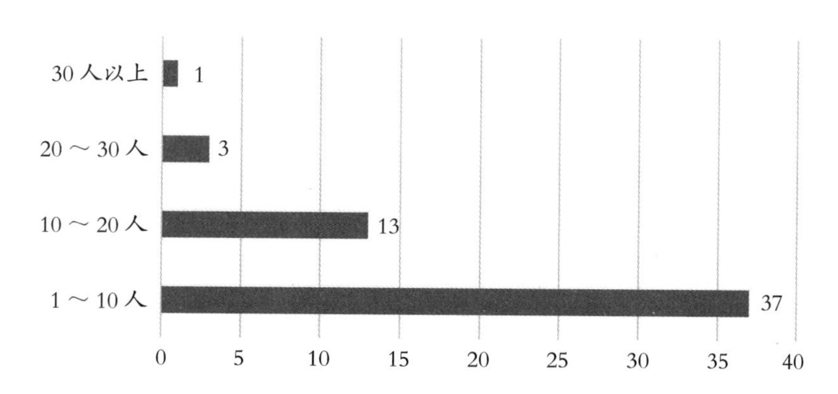

2. 科普组织形式：

科普讲师团（服务团、咨询团）

[A] 科普志愿者

[B] 科普宣传栏

[C] 科普屋

[D] 其他（请说明）________________

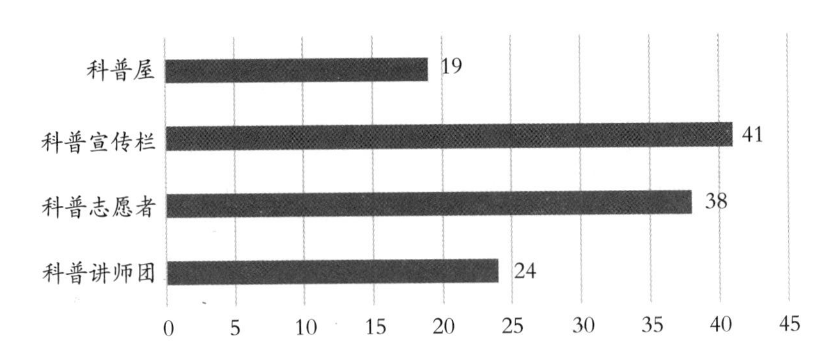

(二)社区科普投入情况

1. 年度经费投入总数:

[A] 1000 元以下

[B] 1000 ～ 2000 元

[C] 2000 ～ 3000 元

[D] 3000 元以上

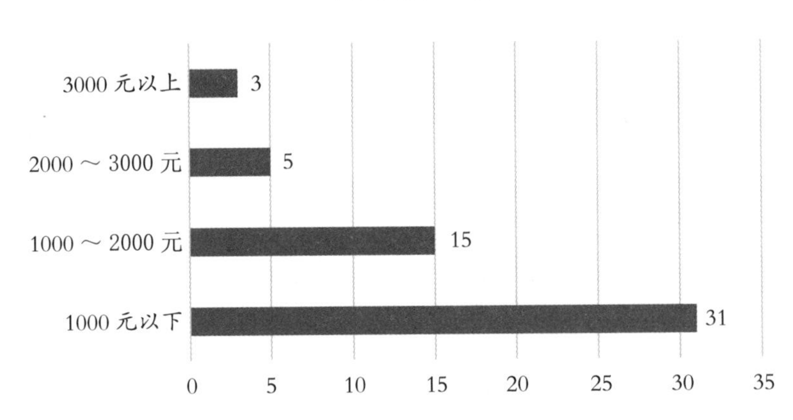

2. 经费是否满足社区科普工作需要?

[A] 完全能满足，还有富余

[B] 基本能够满足，稍有不足

[C] 不能完全满足，但可以开展一定的工作

[D] 差额较大，基本无法开展工作

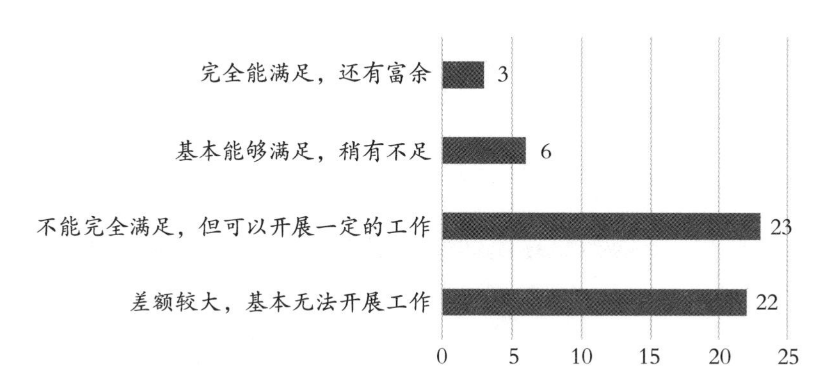

（三）社区科普工作条件

1. 是否建有科普活动室及数量：

[A] 是（　）______________个　　[B] 否（　）

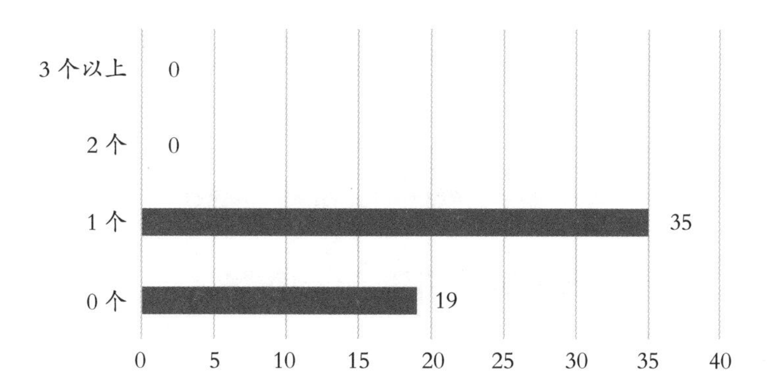

2. 是否建有科普宣传栏及数量：

[A] 是（　）＿＿＿＿＿＿个　[B] 否（　）

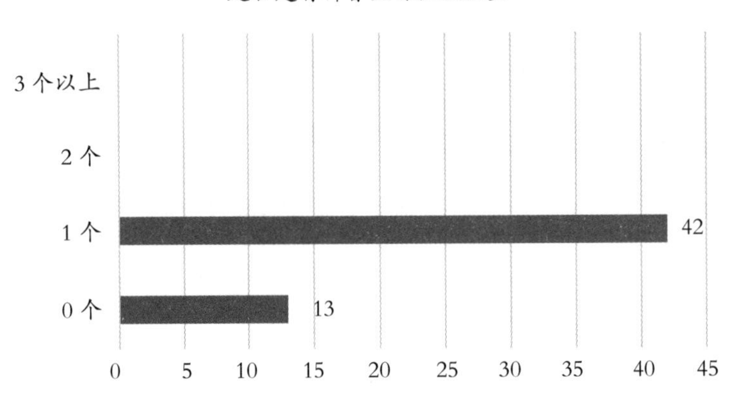

3. 是否有社区科普图书室：

[A] 是（　）＿＿＿＿＿＿个　[B] 否（　）

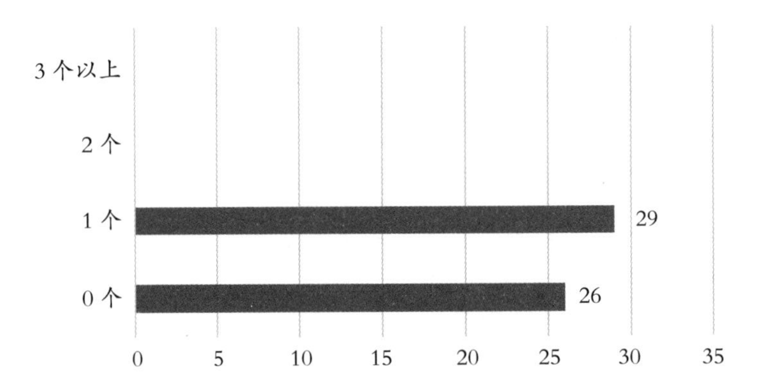

4. 是否被评为“科普示范社区”，哪个级别

[A] 是（　）______________级别　　否（　）

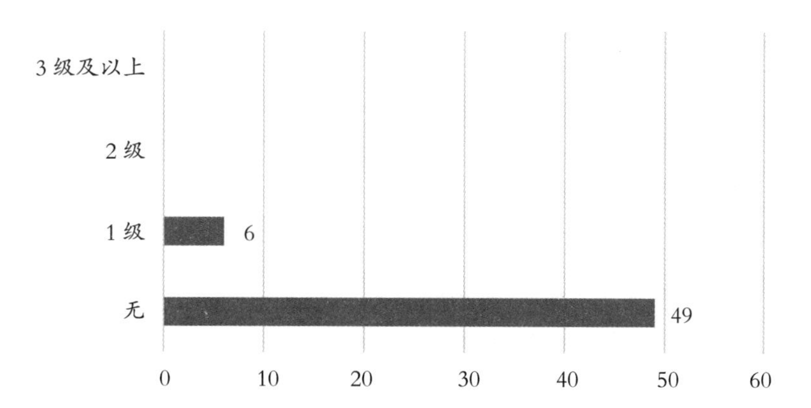

5. 是否提供科普信息化手段（如互联网、电视媒体）

[A] 是（　）______________　　[B] 否（　）

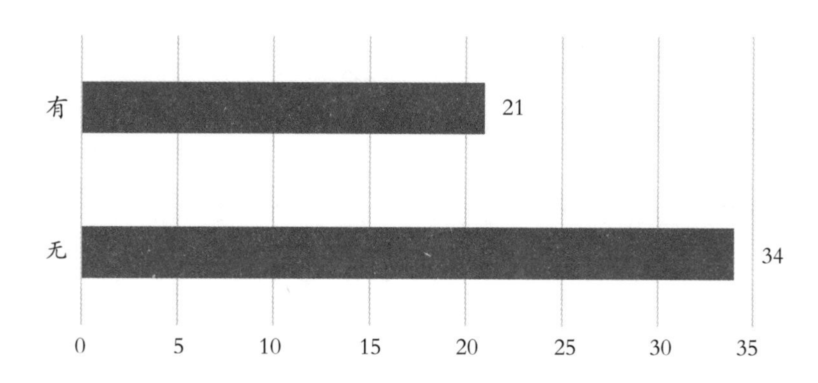

（四）社区科普活动概况

1. 社区科普活动主要内容（至多选3项）：

[A] 崇尚科学、反对迷信

[B] 医疗保健、营养膳食

[C] 保护环境、低碳生活

[D] 实用技术、职业技能

[E] 应急科普、防灾减灾

[F] 食品安全、健康生活

[G] 青少年科技体验

[H] 自然科学知识

[I] 其他（请说明）______________

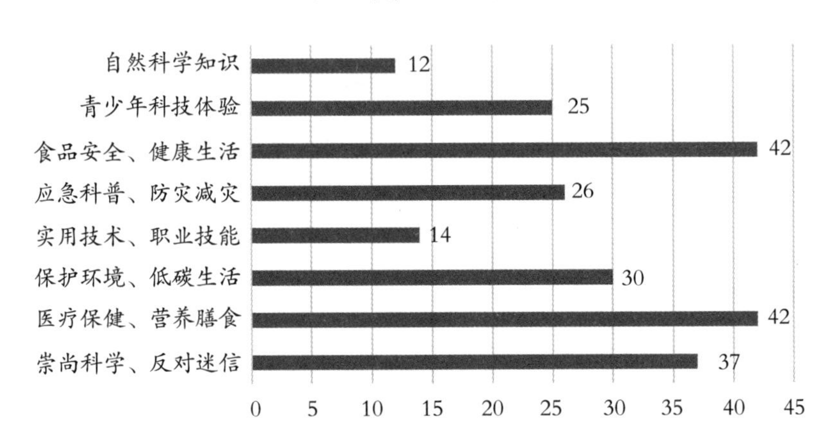

2. 主要有哪些科普工作开展形式（至多选 3 项）：

[A] 科普讲座

[B] 宣传资料发放

[C] 科普展览

[D] 举办互动型科普活动

[E] 科普示范创建

[F] 社区科普大学（学校）

[G] 公共传媒（广播、电视、网络、报刊）

[H] 其他（请说明）______________

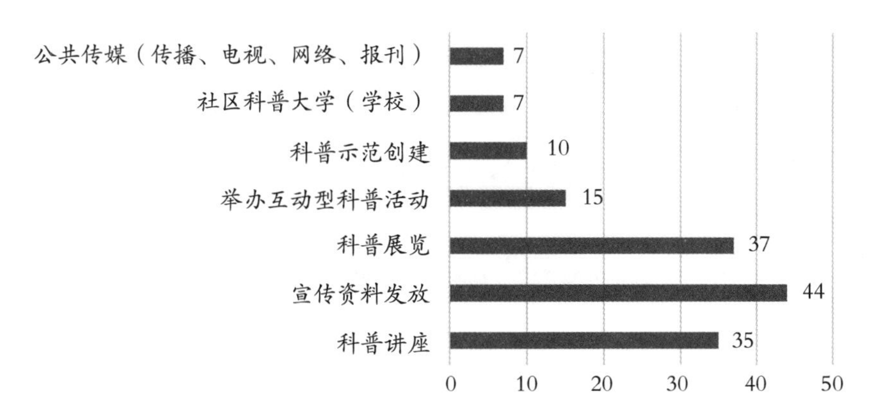

3. 每年开展科普活动的数量：

[A] 5 次以下

[B] 5 ～ 10 次

[C] 10 次以上

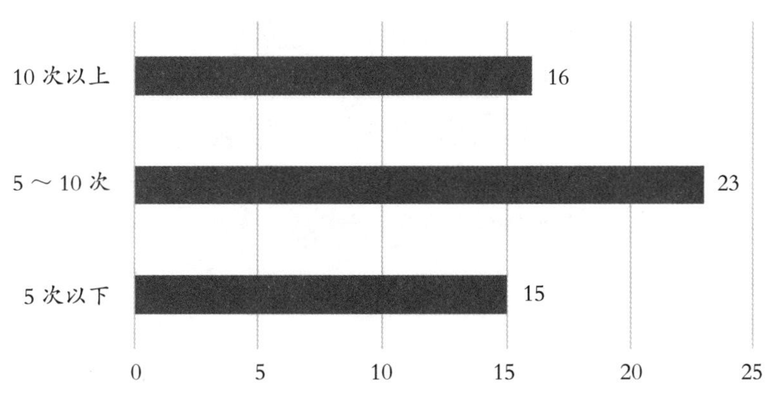

4. 每年举办科普讲座（报告、宣传）的数量：

[A] 5 次以下

[B] 5 ～ 10 次

[C] 10 次以上

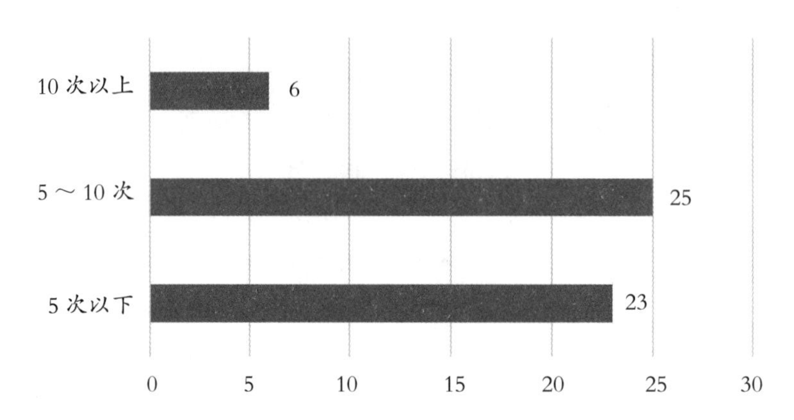

5. 平均每次科普讲座（报告、宣传）的参加人数：

[A] 20 人以下

[B] 20 ～ 50 人

[C] 50 人以上

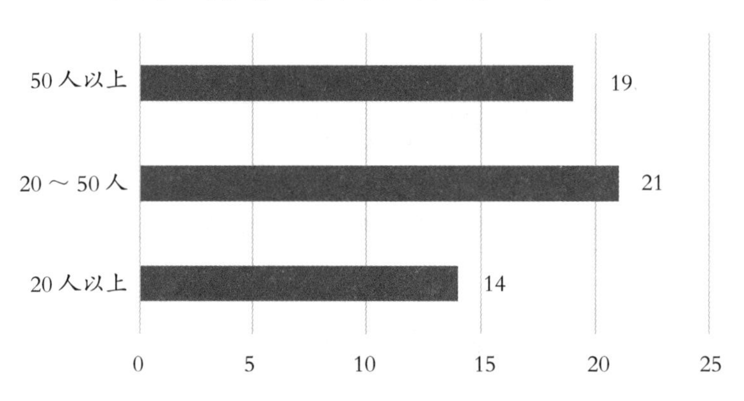

6. 每年组织青少年科技教育活动（包括科技竞赛、科技冬夏令营、其他主题科技活动）的数量：

[A] 5 次以下

[B] 5 ～ 10 次

[C] 10 次以上

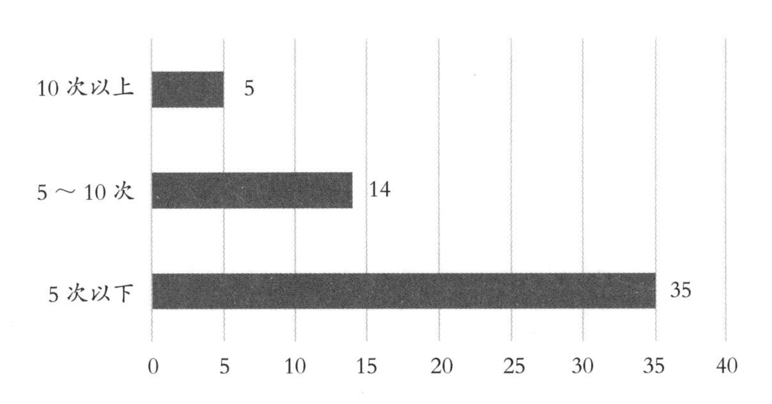

7. 平均每次青少年科技教育活动的参加人数：

[A] 20 人以下

[B] 20 ～ 50 人

[C] 50 人以上

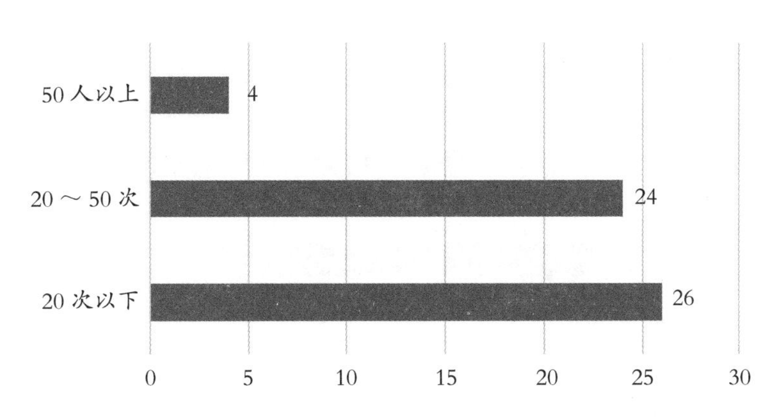

8. 每年组织科教进社区活动（包括义诊等活动）的数量：

[A] 5 次以下

[B] 5 ～ 10 次

[C] 10 次以上

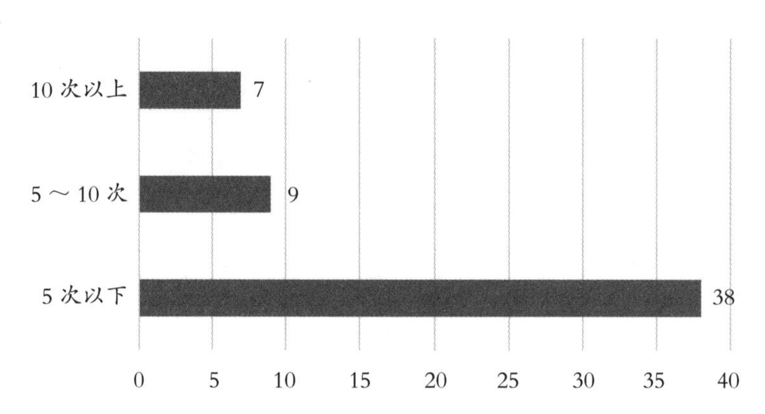

9. 平均每次科教进社区活动的参加人数：

[A] 20 人以下

[B] 20 ～ 50 人

[C] 50 人以上

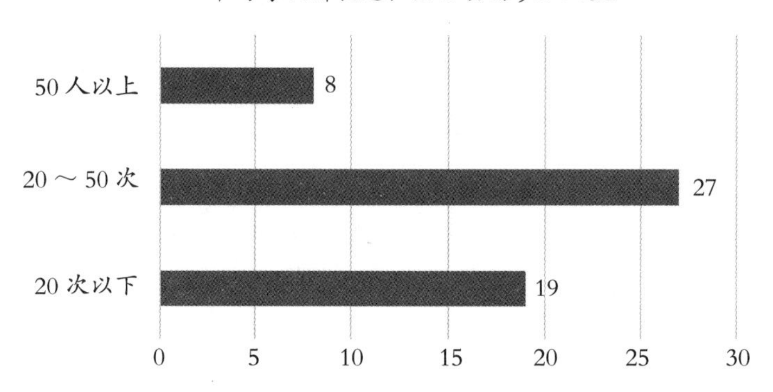

10. 社区获取（收集）科普信息的主要渠道（至多选 3 项）：

[A] 从各种大众媒体获取

[B] 从县级学会、协会、研究会获得

[C] 从县级各职能单位获得

[D] 从上级科协系统获得科普资源包

[E] 其他（请说明）______________

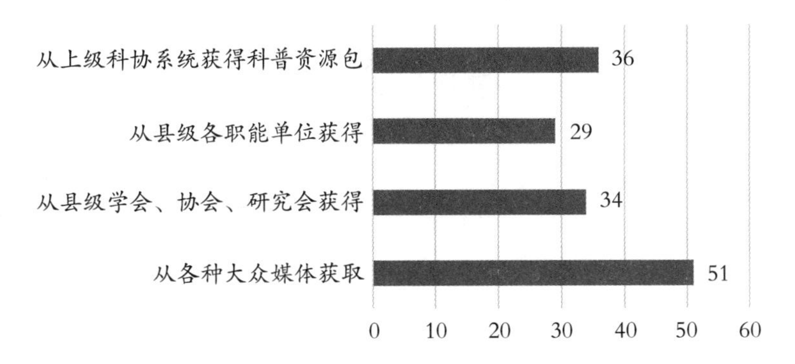

11. 向社区居民提供信息服务的主要方式（至多选 3 项）：

[A] 组织专题科普讲座、培训

[B] 举办科普展览

[C] 利用电视、广播、报刊、网络等公共媒体开办科普专栏

[D] 发放科普资料

[E] 利用科普画廊、板报等科普设施和阵地开展科普宣传

[F] 开办社区科普大学

[G] 组织“科教进社区”活动

[H] 科普沙龙、科普俱乐部、科普文艺等社区科普服务

[I] 其他（请说明）______________

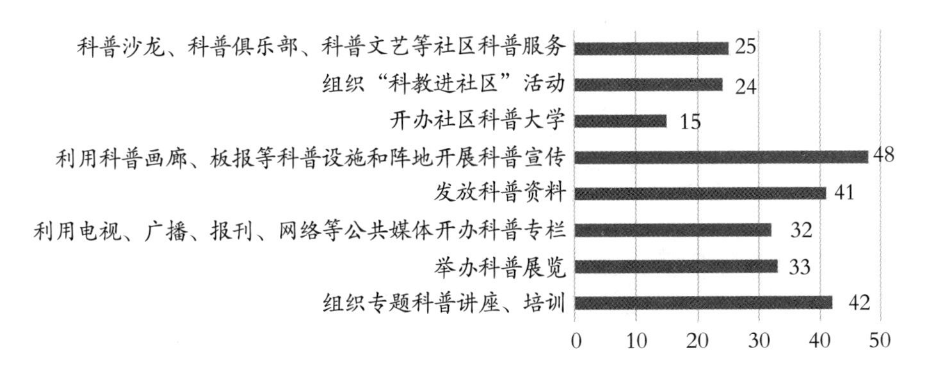

附录 6　社区科普调查问卷（居民部分）变量描述分析

变量名	样本量	平均值	标准差	最小值	最大值
对科普设施、场地建设的满意程度	320	−0.5625	1.342 542	−2	2
对政府的重视程度的满意程度	320	1.1875	1.229 673	−2	2
对科普工作的管理方面的满意程度	320	0.781 25	1.337 653	−2	2
对科普队伍、志愿者队伍的满意程度	320	−0.031 25	1.402 403	−2	2
对实际开展的科普活动的满意程度	320	0.9375	1.268 413	−2	2

附录 7　社区科普调查问卷（工作者部分）描述性分析

变量名	样本量	平均值	标准差	最小值	最大值
科普工作人员数量	54	1.407 407	0.687 311 4	1	4
年度经费投入总数	54	1.629 63	0.875 156	1	4
经费是否满足社区科普工作需要	54	1.814 815	0.848 396 4	1	4
是否建有科普活动室及数量	54	0.648 148 1	0.482 032 2	0	1
是否建有科普宣传栏及数量	54	0.777 777 8	0.419 643 5	0	1
是否有社区科普图书室	54	0.537 037	0.503 308 4	0	1
是否被评为“科普示范社区”，哪个级别	54	0.111 111 1	0.317 220 6	0	1
是否提供科普信息化手段（如互联网、电视媒体）	54	0.388 888 9	0.492 075 6	0	1
每年开展科普活动的数量	54	2.018 519	0.764 562 8	1	3
每年举办科普讲座（报告、宣传）的数量	54	1.685 185	0.667 975 7	1	3
平均每次科普讲座（报告、宣传）的参加人数	54	2.203 704	0.450 560 6	1	3
每年组织青少年科技教育活动（包括科技竞赛、科技冬夏令营、其他主题科技活动）的数量	54	1.277 778	0.626 962 3	1	3
平均每次青少年科技教育活动的参加人数	54	1.592 593	0.630 02	1	3
每年组织“科教进社区”活动（包括义诊等活动）的数量	54	1.425 926	0.716 433 8	1	3
平均每次“科教进社区”活动的参加人数	54	1.777 778	0.663 514 6	1	3

附录 8　访谈资料的归类版本

序号	性别	目前职业	请问我们社区科普日常的工作是如何开展的？社区科普具体内容包括：崇尚科学、反对迷信（如宣传栏），医疗保健、营养膳食（如医疗讲座、义诊），保护环境、低碳生活（如张贴标语、派发宣传手册），实用技术、职业技能（如职业讲座），应急科普、防灾减灾（如疫情期间防控工作），食品安全、健康生活（如食品安全知识讲座），青少年科技体验（如组织参观少年宫、科技馆），自然科学知识（如宣传栏、宣传手册）等	请问您觉得居民这几类需求在哪些方面比较强烈？社区是如何知晓的？	您觉得在社区科普工作中，社区自组织能否发挥作用？请举例说明	您觉得社区科普社工机构如果入驻社区会对这项工作的提升有帮助吗？请举例说明	您觉得在社区科普工作中，政府部门相关部门在哪些方面可以帮助社区做好工作？请举例说明	您对如何开展好社区科普工作还有哪些意见和建议？
1	女	书记	我们社区平时基本上都是以讲座的形式开展，比如找一些医生、专家来做相关知识普及。另外还会在社区的宣传栏上面张贴一些传单和海报	感觉在食品安全、医疗保健、职业技能方面需求比较大吧，居民平时关心的就是身体健康和上班	社区自组织能否发挥作用得看它们组织的力量和资金实力，有足够的资金支持，然后配备专业人才，并结合居民的需求开展相关活动，才能发挥应有的作用	会有帮助的，它们有较完备的组织结构和资金支持，比我们更专业，所以也能减轻我们的工作负担，和我们一起做好社区科普工作，为居民们提供更优质的服务	管人事的部门可以让一些专业人才下沉到社区，为我们提供一些指导，但也要尊重我们的自主性，形成符合社区的较成熟的管理模式，开展更丰富的活动	相关部门和组织可以组织一些培训，让我们了解在社区科普方面做得比较好的案例，学习一下经验

续表附录 8

序号	性别	目前职业	请问我们社区科普日常的工作是如何开展的？社区科普具体内容包括：崇尚科学、反对迷信（如宣传栏），医疗保健、营养膳食（如医疗讲座、义诊），保护环境、低碳生活（如张贴标语、派发宣传手册），实用技术、职业技能（如职业讲座），应急科普、防灾减灾（如疫情期间防控工作），食品安全、健康生活（如食品安全知识讲座），青少年科技体验（如组织参观少年宫、科技馆），自然科学知识（如宣传栏、宣传手册）等	请问您觉得居民这几类需求在哪些方面比较强烈？社区是如何知晓的？	您觉得在社区科普工作中，社区自组织能否发挥作用？请举例说明	您觉得社区科普社工机构如果入驻社区会对这项工作的提升有帮助吗？请举例说明	您觉得在社区科普工作中，政府部门相关部门在哪些方面可以帮助社区做好工作？请举例说明	您对如何开展好社区科普工作还有哪些意见和建议？
2	女	社区工作人员	我们会在宣传栏上做一些宣传，发一些手册，有资金的情况下也会请专家来开讲座	反对迷信、医疗保健、食品安全方面都还是有需要的。现在社会上问题比较突出，让居民们普遍有一种不安全感，多开展这些方面的科普工作可以增加大家的知识，从而提升安全感	社区自组织发挥的作用比较有限，毕竟它们的专业性不够，而且没有相关的技术、资金支持，所以很多活动流于形式	当然会有帮助，它们有专业的人才，活动也会比较成体系和丰富多样，所以它们能入驻社区，肯定会产生良好的反响	财政部门要给予足够的资金支持，不能只派任务，而不给激励，这样也无法调动我们工作人员的积极性，办出来的活动也没有吸引力	多给一些资金用来扩建相关设施，比如阅览室、小型博览室，丰富大家的文化生活

续表附录 8

序号	性别	目前职业	请问我们社区科普日常的工作是如何开展的？社区科普具体内容包括：崇尚科学、反对迷信（如宣传栏），医疗保健、营养膳食（如医疗讲座、义诊），保护环境、低碳生活（如张贴标语、派发宣传手册），实用技术、职业技能（如职业讲座），应急科普、防灾减灾（如疫情期间防控工作），食品安全、健康生活（如食品安全知识讲座），青少年科技体验（如组织参观少年宫、科技馆），自然科学知识（如宣传栏、宣传手册）等	请问您觉得居民这几类需求在哪些方面比较强烈？社区是如何知晓的？	您觉得在社区科普工作中，社区自组织能否发挥作用？请举例说明	您觉得社区科普社工机构如果入驻社区会对这项工作的提升有帮助吗？请举例说明	您觉得在社区科普工作中，政府部门相关部门在哪些方面可以帮助社区做好工作？请举例说明	您对如何开展好社区科普工作还有哪些意见和建议？
3	男	社区工作人员	会发一下宣传手册，有时候组织孩子们去参观直隶总督署这些地方，偶尔也会组织一些讲座	主要就是应急科普和防灾减灾，尤其是这次疫情之后，大家都很关心卫生健康方面	社区自组织还是能发挥一定的作用，在我们社区就有志愿服务类组织参与社区治理，弥补物业的缺失，为居民们提供一些服务，也有助于知识科普	也会有一定帮助的，可以协同社区开展工作，不过这涉及合作问题，还需要上级部门的协调，希望能开展良好的合作，共同做好社区科普	财政部门要提供资金，人事部门应提供人才支撑，专管社会保障和服务的部门也要协调好我们与科普社工机构的关系，形成一种良性合作关系	多吸纳专业人才和社区里面有相关经历的居民共同参与进来，了解居民的需求，有针对性地开展科普活动

续表附录 8

序号	性别	目前职业	请问我们社区科普日常的工作是如何开展的？社区科普具体内容包括：崇尚科学、反对迷信（如宣传栏），医疗保健、营养膳食（如医疗讲座、义诊），保护环境、低碳生活（如张贴标语、派发宣传手册），实用技术、职业技能（如职业讲座），应急科普、防灾减灾（如疫情期间防控工作），食品安全、健康生活（如食品安全知识讲座），青少年科技体验（如组织参观少年宫、科技馆），自然科学知识（如宣传栏、宣传手册）等	请问您觉得居民这几类需求在哪些方面比较强烈？社区是如何知晓的？	您觉得在社区科普工作中，社区自组织能否发挥作用？请举例说明	您觉得社区科普社工机构如果入驻社区会对这项工作的提升有帮助吗？请举例说明	您觉得在社区科普工作中，政府部门相关部门在哪些方面可以帮助社区做好工作？请举例说明	您对如何开展好社区科普工作还有哪些意见和建议？
4	女	书记	我们社区科普主要是通过召开讲座进行的，我们会找一些环保、健康方面的专家做讲座，每次我们都会提前告知社区居民，感兴趣的都会来参加，每次人也不少，感觉效果还行	我们社区居民对医疗保健和营养膳食以及应急科普、防灾减灾方面的知识感兴趣，毕竟现在的人都比较注重养生，而且在新冠病毒感染发生后，人们更加关注自己的身体和饮食安全	社区自组织有很大的作用，比如我们社区有些人很注重健康，喜欢打太极等活动，就会成立一些自组织来更好地为他们服务	科普工作机构入驻社区肯定会有很大帮助，比如还是老年人打太极的问题，成立社区自组织，可以为他们提供必要的帮助，也可以作为他们这个集体与小区沟通的一个桥梁，很好地方便了这些人群	我觉得政府需要在资金方面给我们一些支持，我们社区经费有点紧张，许多工作的开展，由于经费不足，效果不是特别好	可以建立社区与社区之间的科普活动交流机制，各个社区分享自己的科普经验，相互了解，相互借鉴，共同提高社区科普能力

续表附录 8

序号	性别	目前职业	请问我们社区科普日常的工作是如何开展的？社区科普具体内容包括：崇尚科学、反对迷信（如宣传栏），医疗保健、营养膳食（如医疗讲座、义诊），保护环境、低碳生活（如张贴标语、派发宣传手册），实用技术、职业技能（如职业讲座），应急科普、防灾减灾（如疫情期间防控工作），食品安全、健康生活（如食品安全知识讲座），青少年科技体验（如组织参观少年宫、科技馆），自然科学知识（如宣传栏、宣传手册）等	请问您觉得居民这几类需求在哪些方面比较强烈？社区是如何知晓的？	您觉得在社区科普工作中，社区自组织能否发挥作用？请举例说明	您觉得社区科普社工机构如果入驻社区会对这项工作的提升有帮助吗？请举例说明	您觉得在社区科普工作中，政府部门相关部门在哪些方面可以帮助社区做好工作？请举例说明	您对如何开展好社区科普工作还有哪些意见和建议？
5	男	社区工作人员	我们社区会定期找一些志愿者进行科普工作方面的服务，因为我们是一个高校附近的社区，高校里面会有学生志愿者前来协助我们科普，包括发一些科普宣传单，或者为居民进行科普知识讲解	我们社区居民对身体健康和科学技术这方面的知识比较感兴趣，可能是因为都是高校教师，有些是退休的，更加关注身体健康，还有一些就关注知识型的东西	社区自组织在社区科普中的作用是很大的，比如说高校的志愿者前来我们社区进行服务时，就需要我们有专门的人员进行对接。当我们成立了社区自组织之后，可以更好地与志愿者进行交流，从而形成常态化的机制	科普工作机构可以很好地帮助社区进行科普工作，比如，在学校里面有专门的志愿服务团体来我们社区进行服务，我们成立社区自组织，可以更好服务给志愿者们提供务指导，从而更好地为社区居民提供服务	政府可以为优秀的社区工作者或者是服务社区科普的志愿者提供一些物质和精神的奖励，激励他们更好地在社区展台服务。此外，我们也需要政府提供一些资金上面的帮助	鼓励更多高校志愿者或者社会的志愿者来社区提供科普服务，为社区人员提供有针对性的讲解

续表附录 8

序号	性别	目前职业	请问我们社区科普日常的工作是如何开展的？社区科普具体内容包括：崇尚科学、反对迷信（如宣传栏），医疗保健、营养膳食（如医疗讲座、义诊），保护环境、低碳生活（如张贴标语、派发宣传手册），实用技术、职业技能（如职业讲座），应急科普、防灾减灾（如疫情期间防控工作），食品安全、健康生活（如食品安全知识讲座），青少年科技体验（如组织参观少年宫、科技馆），自然科学知识（如宣传栏、宣传手册）等	请问您觉得居民这几类需求在哪些方面比较强烈？社区是如何知晓的？	您觉得在社区科普工作中，社区自组织能否发挥作用？请举例说明	您觉得社区科普社工机构如果入驻社区会对这项工作的提升有帮助吗？请举例说明	您觉得在社区科普工作中，政府部门相关部门在哪些方面可以帮助社区做好工作？请举例说明	您对如何开展好社区科普工作还有哪些意见和建议？
6	男	社区工作人员	我们社区一般是在宣传栏上面做出一些科普知识的普及。我们社区的宣传栏是挺多的，我们会经常就一些社会的热点话题，或者是社区居民关心的问题，收集科普方面的知识，整理之后做出科普海报，在宣传栏上面张贴	我们这个社区，居民更关注保护环境、低碳生活以及实用技术方面，居民对环境质量的关注还是很多的，所以我们一般也比较重视这方面的工作	社区自组织是有一些作用吧。我们社区工作人员少、居民多，需要社区自组织来帮助我们开展一些社区的工作，在这方面还是很有作用的	科普工作机构，会对社区科普有一些帮助，因为不同社区工作人员的科普能力、掌握的知识都不相同，确实需要一些科普工作机构来进行指导	政府帮助的话，首先是在资金方面，我们社区资金是非常吃紧的。因为经费不够，部分社区科普活动开展得比较草率，还有，政府可以派一些专家来我们社区进行指导和帮助	希望可以多一些专家学者来社区为居民提供科普服务，他们肯定在自己的专业领域有一技之长，这些就是我们需要的

续表附录 8

序号	性别	目前职业	请问我们社区科普日常的工作是如何开展的？社区科普具体内容包括：崇尚科学、反对迷信（如宣传栏），医疗保健、营养膳食（如医疗讲座、义诊），保护环境、低碳生活（如张贴标语、派发宣传手册），实用技术、职业技能（如职业讲座），应急科普、防灾减灾（如疫情期间防控工作），食品安全、健康生活（如食品安全知识讲座），青少年科技体验（如组织参观少年宫、科技馆），自然科学知识（如宣传栏、宣传手册）等	请问您觉得居民这几类需求在哪些方面比较强烈？社区是如何知晓的？	您觉得在社区科普工作中，社区自组织能否发挥作用？请举例说明	您觉得社区科普社工机构如果入驻社区会对这项工作的提升有帮助吗？请举例说明	您觉得在社区科普工作中，政府部门相关部门在哪些方面可以帮助社区做好工作？请举例说明	您对如何开展好社区科普工作还有哪些意见和建议？
7	女	社区工作人员	主要是在宣传栏张贴海报宣传信息，也会不定期上门发放一些宣传资料。但是由于社区居民的参与意识和参与行为目前还处于起步阶段，社区也尝试组织过一些科普活动，但是社区居民的参与意愿比较低，参与程度也不深，居民的时间也难以协调统一，每次活动都达不到满意的效果，这在一定程度上也就打击了我们工作人员开展相关活动的积极性	我们也询问过社区居民相关方面的问题，大多数受访者对食品安全、健康生活及国内重大新闻热点更加感兴趣。此外，很大一部分受访者对青少年的科技知识也表示很有兴趣	社区自组织必定会发挥重要作用。社区自组织依靠群众、贴近群众、服务群众，能够极大限度地调动群众的积极性，使他们主动参与到社区科普活动中来。居民更容易了解居民，更容易带动居民，也更容易感同身受，所以我认为采用社区自组织的方式能够提高居民的凝聚力，也能够解决居民日常生活中面临的问题	当然可以，我们现在的工作人员大多年龄比较大，人员也比较短缺，专业人员更是少之又少，引入社区科普机构将大大提高我们的工作效率	多提供一些专业人员的支持以提高工作效率，完善工作体系。此外，还希望能够对我们现有工作人员提供一些专业培训，从而更好地在工作岗位贡献自己的力量	增加社区工作人员的工作岗位，招聘一些年轻、专业的工作人员；提高工作人员的福利待遇，吸引更多人才

续表附录 8

序号	性别	目前职业	请问我们社区科普日常的工作是如何开展的？社区科普具体内容包括：崇尚科学、反对迷信（如宣传栏），医疗保健、营养膳食（如医疗讲座、义诊），保护环境、低碳生活（如张贴标语、派发宣传手册），实用技术、职业技能（如职业讲座），应急科普、防灾减灾（如疫情期间防控工作），食品安全、健康生活（如食品安全知识讲座），青少年科技体验（如组织参观少年宫、科技馆），自然科学知识（如宣传栏、宣传手册）等	请问您觉得居民这几类需求在哪些方面比较强烈？社区是如何知晓的？	您觉得在社区科普工作中，社区自组织能否发挥作用？请举例说明	您觉得社区科普社工机构如果入驻社区会对这项工作的提升有帮助吗？请举例说明	您觉得在社区科普工作中，政府部门相关部门在哪些方面可以帮助社区做好工作？请举例说明	您对如何开展好社区科普工作还有哪些意见和建议？
8	男	社区工作人员	在宣传栏张贴最新消息、拉横幅、发放宣传资料。因为社区不是很大，一般我们有什么活动要开展时也会加大在社区走动的频率，亲自告诉在社区所遇到的居民，大家一传十、十传百，也能起到很好的推广作用	因为平时和社区居民都比较熟悉，碰到社区居民时，居民经常开玩笑似的问："什么时候能提供一些再就业的岗位呀？"社区很多下岗、失业人员都希望能有再就业的机会，做一些力所能及的事，为自己的儿女减轻一些经济压力	肯定可以。因为居民最了解居民，他们朝夕相处，很多居民既是邻居又是朋友，很多事情我们社区工作人员去跟居民沟通与居民和居民之间的沟通是不一样的，居民和居民之间的沟通更容易、更便捷，也更能站在对方的角度去考虑问题	当然有帮助了。现如今社区科普工作越来越重要，我们老一辈的社区工作者采取的一些工作方法不能做到与时俱进，这就需要专业的社区科普机构为我们指明方向，提高工作效率	最重要的还是加大资金投入，社区每次开展活动，我们工作人员首先考虑的因素就是资金允不允许。现有资金严重制约了我们开展活动的次数。有时，我们工作人员为了更好地开展活动甚至还自掏腰包	希望能加大资金投入，从而更高质量、高频率地开展一些社区科普活动。如果资金充足，组织活动时我们还可以对支持社区工作的居民发放一些小礼品，对社区生活困难的居民给予一定的经济帮助

续表附录 8

序号	性别	目前职业	请问我们社区科普日常的工作是如何开展的？社区科普具体内容包括：崇尚科学、反对迷信（如宣传栏），医疗保健、营养膳食（如医疗讲座、义诊），保护环境、低碳生活（如张贴标语、派发宣传手册），实用技术、职业技能（如职业讲座），应急科普、防灾减灾（如疫情期间防控工作），食品安全、健康生活（如食品安全知识讲座），青少年科技体验（如组织参观少年宫、科技馆），自然科学知识（如宣传栏、宣传手册）等	请问您觉得居民这几类需求在哪些方面比较强烈？社区是如何知晓的？	您觉得在社区科普工作中，社区自组织能否发挥作用？请举例说明	您觉得社区科普社工机构如果入驻社区会对这项工作的提升有帮助吗？请举例说明	您觉得在社区科普工作中，政府部门相关部门在哪些方面可以帮助社区做好工作？请举例说明	您对如何开展好社区科普工作还有哪些意见和建议？
9	女	党支部书记	在宣传栏贴宣传单、发放宣传手册、入户宣传科普工作，也会不定期邀请专业人员来开展养生、爱护环境等与健康和环境有关的讲座。有时也会组织一些与社区科普相关的文体活动宣传所要普及的科普知识，将科普知识与文体活动结合起来，寓教于乐，提升宣传效果	每次入户开展科普工作时，都会询问社区居民的需求与对我们工作的建议。参与调查的居民，大约有一半以上表示对生活健康和重大科普事件比较感兴趣，还有一部分人对青少年科技知识感兴趣	居民与居民之间的共同话题比较多，沟通起来更为简单。比如很多居民可能都有年龄相仿的孩子，他们要在同一时间点去接送孩子，甚至有时候由于时间排不开，还会有你今天帮我接孩子我明天帮你送孩子的情况。由于有很多共同点，这自然而然就拉近了他们之间的距离，使得他们更相信对方，有了信任，很多问题也就迎刃而解了	那是肯定的。社区科普工作机构作为专业的机构，掌握了国内外社区科普最前沿、最先进的消息，不仅能为我们提供专业帮助，还能为我们提供最新消息，还可以借鉴其他？开展社区科普活动取得成功的社区经验	无外乎以下两个方面：人力、财力。人力，就是希望能为我们引进一些专业的人员，为我们现在的工作团队注入新鲜的血液；财力，就是提供资金支持，有了财力，我们才有能力组织质量更好、数量更高的社区科普活动	希望可以和物业及居民建立联系，这样便于我们工作者对小区居民加深了解，也能提高居民的参与感。这种模式在开展工作时也可以实现多方配合，从而可以效率更高、范围更广地展开工作

续表附录 8

序号	性别	目前职业	请问我们社区科普日常的工作是如何开展的？社区科普具体内容包括：崇尚科学、反对迷信（如宣传栏），医疗保健、营养膳食（如医疗讲座、义诊），保护环境、低碳生活（如张贴标语、派发宣传手册），实用技术、职业技能（如职业讲座），应急科普、防灾减灾（如疫情期间防控工作），食品安全、健康生活（如食品安全知识讲座），青少年科技体验（如组织参观少年宫、科技馆），自然科学知识（如宣传栏、宣传手册）等	请问您觉得居民这几类需求在哪些方面比较强烈？社区是如何知晓的？	您觉得在社区科普工作中，社区自组织能否发挥作用？请举例说明	您觉得社区科普社工机构如果入驻社区会对这项工作的提升有帮助吗？请举例说明	您觉得在社区科普工作中，政府部门相关部门在哪些方面可以帮助社区做好工作？请举例说明	您对如何开展好社区科普工作还有哪些意见和建议？
10	女	社区工作人员	没有具体地开展科普活动，就是些日常的活动，比如医疗保健、营养膳食这部分义诊之类的活动，或者是发放一些宣传资料、张贴标语，让大家了解相关内容，但是这些活动也没有被作为科普活动对待	应该都挺需要的，也没有专门去做过这方面的调查。	当然可以。他们自己管理自己，也更能深入居民当中，更了解居民们的需求。我们虽然没有有关科普的自组织，但是我们社区有些居民自发组织的协会，比如乒乓球协会，大家因为兴趣爱好聚集到一起成立一个自组织，成员就是社区内的乒乓球爱好者，大家在一起既能沟通娱乐，又能解决一些问题，也给社区减轻了工作压力，大家双赢的局面，何乐而不为	有。提高专业度，减轻工作压力，缓解工作人员不足的压力	最重要的就是资金支持。没有钱、没有设备、没有人，想做什么也做不了	希望上级部门能够重视这个事情，多投入一些。可以成立一些专门的科普组织，来帮助居民们学习科普、了解科普

续表附录 8

序号	性别	目前职业	请问我们社区科普日常的工作是如何开展的？社区科普具体内容包括：崇尚科学、反对迷信（如宣传栏），医疗保健、营养膳食（如医疗讲座、义诊），保护环境、低碳生活（如张贴标语、派发宣传手册），实用技术、职业技能（如职业讲座），应急科普、防灾减灾（如疫情期间防控工作），食品安全、健康生活（如食品安全知识讲座），青少年科技体验（如组织参观少年宫、科技馆），自然科学知识（如宣传栏、宣传手册）等	请问您觉得居民这几类需求在哪些方面比较强烈？社区是如何知晓的？	您觉得在社区科普工作中，社区自组织能否发挥作用？请举例说明	您觉得社区科普社工机构如果入驻社区会对这项工作的提升有帮助吗？请举例说明	您觉得在社区科普工作中，政府部门相关部门在哪些方面可以帮助社区做好工作？请举例说明	您对如何开展好社区科普工作还有哪些意见和建议？
11	女	社区工作人员	会组织一些讲座、发放资料、在社区内的展板上或者是墙上做一些板书来宣传这些东西。也想多做一些，也想做内容丰富、形式多样的活动，但是没人提供资金和设备，没办法做	我感觉大家更需要医疗保健类和食品安全类的，因为社区老人多，平时参加活动的老人比较多，可能老人对这些的需求更多吧	能。比如说我们的志愿者服务队就是由社区居民组成，主要就是针对老年人提供为老服务，能够使社区老人得到更多的照顾与帮助，也减轻我们的工作压力，因为我们社区工作人员是有限的，不可能一直都能跟着这些老师，而成立了自组织以后，组织内的成员都是社区居民，他们分片帮扶自己住处附近的老人，能够实时了解到老人的情况，如果老人有什么事情，也能第一时间得到帮助	会有帮助。引入专业社工机构进入社区以后，专业程度会上升，让社区、社工和社会组织实现有效联动，也能更好地帮助社区为居民服务	上级部门可以给我们派一些专门的科普人员，来为居民更好地提供科普知识。还有就是经费不足的问题了，希望可以多一些资金投入	可以培养一些专业人才，让这些专业人士来到社区，来组建一支专业化的队伍。要提高居民的参与度，更好地了解到居民想要什么，多向居民征集意见和建议，主要是要让居民满意

续表附录 8

序号	性别	目前职业	请问我们社区科普日常的工作是如何开展的？社区科普具体内容包括：崇尚科学、反对迷信（如宣传栏），医疗保健、营养膳食（如医疗讲座、义诊），保护环境、低碳生活（如张贴标语、派发宣传手册），实用技术、职业技能（如职业讲座），应急科普、防灾减灾（如疫情期间防控工作），食品安全、健康生活（如食品安全知识讲座），青少年科技体验（如组织参观少年宫、科技馆），自然科学知识（如宣传栏、宣传手册）等	请问您觉得居民这几类需求在哪些方面比较强烈？社区是如何知晓的？	您觉得在社区科普工作中，社区自组织能否发挥作用？请举例说明	您觉得社区科普社工机构如果入驻社区会对这项工作的提升有帮助吗？请举例说明	您觉得在社区科普工作中，政府部门相关部门在哪些方面可以帮助社区做好工作？请举例说明	您对如何开展好社区科普工作还有哪些意见和建议？
12	女	社区工作人员	有时候会开一些讲座，更多的是发放一些宣传资料。最缺的就是资金的支持，没有钱什么都做不了。还有人力物力都跟不上，大家都不了解这些，没有一个专业的科普人员，我们也只是自己摸索着做。而且人手也不够，这儿工作人员本来就很少，日常的工作做起来也很吃力，更不可能有专门做科普的人员。但是每个月15日是我们的志愿者日，会招募一些志愿者帮助我们一起做服务	通过和社区居民平时的交流可以感受到大家对科普这些内容都还是有需求的，只不过现在还没有办法去完全实现，如果条件都跟得上，那肯定是全部都有需求	我们目前也没有专门针对科普这方面的自组织，如果有肯定是有作用的	有的。社工机构肯定更专业，而且有了人员支持，我们也就能把工作做得更细致	多提供一些资金和人员支持就好了。政府可以帮助我们购买一些服务，比如说社会组织中有做科普的就可以购入服务，能够帮助我们提供科普服务	招募志愿者，有大学生或者是专业的人士，可以来参加志愿者队伍，帮助社区科普。最重要的还是资金支持，资金充足才能组建队伍、购买设备、举办活动、请专家来做讲座或者组织居民区做一些参观

参考文献

一、普通图书类

[1] 安徽省科学技术协会，安徽省科普文化产业协会 . 社区科普工作指南 [M]. 北京：中国科学技术出版社，2015.

[2] 北京市科学技术协会 . 社区科普工作 120 问 [M]. 北京：科学普及出版社 .2013.

[3] 中国科协科普部 . 社区科普工作手册 [M]. 北京：科学普及出版社，2013.

[4] 中国科普研究所《中国科普效果研究》课题组 . 科普效果评估理论和方法 [M]. 北京：社会科学出版社，2003.

[5] 王国建，王燕 . 社区科普教育读本 [M]. 宁波：宁波出版社，2000.

[6] 翟立原 . 社区科普与公民素质建设 [M]. 北京：科学出版社，2007.

[7] 蔡意中 . 科学在我们身边——社区科普手册 [M]. 上海：文汇出版社，2003.

[8] 中国科学技术协会 . 科普行动惠及民生——社区科普益民计划典型案例 [M]. 北京：中共中央党校出版社，2014.

[9] 杨文志，吴国彬 . 现代科普教程 [M]. 北京：科学普及出版社，2004.

[10] 翟立原 . 社区科普与公民素质建设 [M]. 北京：科学出版社，2007.

[11] 杨宏山 . 城市管理学 [M]. 2 版 . 北京：中国人民科学出版社，2013.

[12] 中国科普研究所《中国科普效果研究》课题组 . 科普效果评估理论和方法 [M]. 北京：社会科学出版社，2003.

[13] 郜庆，董金秋，贾志科 . 城市社区治理与社区养老服务保障 [M]. 北京：对外经济贸易大学出版社，2015.

[14] [美] 埃莉诺・奥斯特罗姆. 公共事物的治理之道：集体行动制度的演进 [M]. 余逊达，等译 . 上海：上海译文出版社，2012.

[15] [法] 萨伊. 政治经济学概论 [M]. 赵康英，等译 . 北京：华夏出版社，2014.

[16] 郑杭生．社会学概论新修精编本 [M]. 北京：中国人民大学出版社，2015.

二、学位论文类

[17] 王明娟．社区科普大学建设的现状及对策研究 [D]. 武汉：华中科技大学，2018.

[18] 祁路．城市社区科普服务供给研究 [D]. 武汉：华中师范大学，2017.

[19] 刘冰心．盘锦市社区科普工作状况调查研究 [D]. 大连：大连理工大学，2016.

[20] 张民．基于云平台的朝阳社区科普资源服务系统的设计与实现 [D]. 北京：北京工业大学，2016.

[21] 任可可．社区治理背景下社会工作介入社区社会组织培育研究 [D]. 济南：山东大学，2020.

[22] 朱鸿章．社区教育政策与公民学习权保障的研究 [D]. 上海：华东师范大学，2012.

[23] 孔德意．我国科普政策研究 [D]. 沈阳：东北大学，2016.

[24] 王忠华．济南市历下区社区教育的现状及发展对策研究 [D]. 曲阜：曲阜师范大学，2010.

[25] 谈利雅．中美社区思想政治教育比较研究 [D]. 湘西：吉首大学，2014.

[26] 刘硕宇．金州新区社区教育工作现状调查研究 [D]. 大连：大连理工大学，2015.

三、期刊类

[27] 唐开副，李栋．构建地方政府与社区居民双向互动的社区教育新模式 [J]. 教育发展研究，2022，42(11)：51-58.

[28] 陈振权，田何志，刘立华．广东农村社区科普工作机制与发展建议 [J]. 广东农业科学，2014，41(12)：219-222.

[29] 李军平．城市社区科普工作的主要问题 [J]. 科技导报，2012，30(30)：11.

[30] 李训贵．中外社区教育发展模式的比较与借鉴 [J]. 教育与职业，2009(15)：95-97.

[31] 孙婷，孙铭薇，练婷玉，等 . 深圳市社区居民健康素养及其影响因素分析 [J]. 中国社会医学杂志，2019，36(6)：629.

[32] 万汉松 . 城市社区应急科普教育体系建设亟待加强 [J]. 学习月刊，2010(22)：58-58.

[33] 中华人民共和国第九届全国人民代表大会常务委员会 . 中华人民共和国科学技术普及法 [J]. 今日科苑，2002(8)：57.

[34] 韩艳芳 . 公共产品供给的理论发展与制度创新 [J]. 辽宁经济，2006(7)：64.

[35] 张礼建，李佳家，张迎燕 . 提高社区科普居民参与度的路径分析——以重庆市科普调研结果为个案 [J]. 重庆大学学报（社会科学版），2007(2)：75-79.

[36] 王浩，高立，黄煜睿 . 新时代社区科普之我见 [J]. 新西部，2020(12)：19+70.

[37] 连湘琦 . 结合科普资源推进社区科普工作 [J]. 科技传播，2019，11(20)：170-171.

[38] 李润婷，张学波 . 创建多层次、立体式、全方位的社区科普 e 站 [J]. 科技传播，2019，11(23)：182-184.

[39] 章梅芳 . 新中国城市社区科普历史回顾 [J]. 科普研究，2019，14(5)：23-33+109.

[40] 张洁，史莉桦 . 社区科普经费使用和人才管理政策的思考——基于盘龙区社区科普现状调查 [J]. 产业与科技论坛，2019，18(19)：123-124.

[41] 曾铁 . 论城镇社区科普者的工作与贡献——兼说乡镇和城市社区科普 [J]. 三峡论坛（三峡文学・理论版），2019(2)：93-97.

[42] 李正伟，刘兵 . 对英国有关“公众理解科学”的三份重要报告的简要考察与分析 [J]. 自然辩证法研究，2003(5)：70-74.

[43] 汤乐明，王海芸，梁廷政 . 社区科普互动厅评估指标构建及评价研究 [J]. 科普研究，2018，13(5)：68-74+110.

[44] Ad hoc committee on health literacy for the American council on scientific affairs. Health literacy: Report of the council on scientific affairs[J]. JAMA,1999,281(6):552-557. DOI:10.1001/jama.281.6.552.

[45] BRYANT C. Does Australia need a more effective policy of Science Communication[J]. Internationl Journal of Parasitology in press, 2002(7):15-18.

[46] PETERSEN R C, LOPEZ O, ARMSTRONG M J, et al. Practice guideline update summary: Mild cognitive impairment: report of the guideline development, dissemination, and implementation subcommittee of the American Academy of Neurology [J]. Neurology, 2018, 90(3):126-135.DOI：10.1212/WNL.0000000000004826.

[47] LEE C, BURGESS G, KUHN I, et al. Community exchange and time currencies: a systematic and in-depth thematic review of impact on public health outcomes[J]. Public health, 2019, 180:117-128.DOI:10.1016/j.puhe.2019.11.011.

[48] BAUER H E, MOSKAL B, GOSINK J, et al. Faculty and student attitudes toward community service: a comparative analysis [J]. Journal of engineering education, 2010(4):129-140.

后记

本书受中央高校基本科研业务费专项资金（2023FR014）资助，也是河北省高等学校人文社会科学重点研究基地“华北电力大学区域法治与司法治理研究中心”的研究成果。

衷心感谢我的爱人刘雅萍女士，谭钧泰小朋友，以及我的父亲谭友忠、母亲赵葵英，在生活中给我的帮助与照顾！亦深深感谢我们公管团队中的每一个成员！

最后，特别感谢编辑在本书出版过程中的辛勤工作！

谭　琪